LNG 接收站生产运行典型案例 100 例

王小尚　沙晓东　吴斌　编著

U0263334

中国石化出版社

图书在版编目(CIP)数据

LNG 接收站生产运行典型案例 100 例 / 王小尚，沙晓东，吴斌编著 . —北京：中国石化出版社，2021. 10
ISBN 978 - 7 - 5114 - 6464 - 4

Ⅰ . ①L… Ⅱ . ①王… ②沙… ③吴… Ⅲ . ①液化天然气 – 天然气输送 – 案例 Ⅳ . ①TE83

中国版本图书馆 CIP 数据核字(2021)第 188670 号

中国石化出版社出版发行
地址:北京市东城区安定门外大街 58 号
邮编:100011 电话:(010)57512500
发行部电话:(010)57512575
http://www. sinopec-press. com
E-mail:press@ sinopec. com
北京柏力行彩印有限公司印刷
全国各地新华书店经销
*
787 × 1092 毫米 16 开本 12. 5 印张 207 千字
2021 年 11 月第 1 版 2021 年 11 月第 1 次印刷
定价:88. 00 元

编 委 会

前　言

  LNG 接收站是我国天然气产供储销体系的重要组成部分，是典型的危化品储存及处理单位，关系国家能源安全和公共安全，安全生产责任重于泰山。

  青岛 LNG 接收站是中国石化第一个 LNG 接收站，于 2014 年 11 月建成投产，截至目前生产运行近 7 年，年接转量超过 600 万吨。作为中国石化在 LNG 板块先行先试者，青岛 LNG 公司注重经验与问题的积累，总结留存了许多宝贵的探索过程成果。

  本书汇编了青岛 LNG 接收站的 100 个典型生产运行应急处置案例。书中案例类型多样，内容较为翔实，涉及了接收站外部条件、设施设备、运行操作维护等各个方面，大部分案例均详细阐述了事件经过、原因和优化措施，并附有关键部位图片。编者认为，典型生产运行案例的总结和分享，对提升我国接收站整体安全生产运行水平具有重要的参考借鉴价值。

目　　录

第一篇　LNG 码头卸料系统

第二篇　LNG 低压储存及 BOG 处理系统

第三篇　LNG 汽化外输系统

第四篇　槽车充装系统

第五篇　LNG 轻烃回收系统

第六篇　LNG 接收站辅助生产系统

第七篇　接收站电气、仪表系统

第一篇

LNG码头卸料系统

案例1　卸料臂旋转接头泄漏

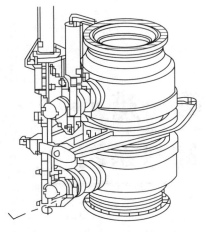

图1-1　卸料臂QC/DC结构图

1. 经过

某年7月，某航次LNG船舶卸料期间，卸料臂三维旋转组件处有漏液现象，经判断，三维旋转组件的QC/DC（图1-1）旋转接头主密封处发生泄漏，该卸料臂无法继续使用，随后立即将其停用并切换为备用卸料臂。

2. 分析

拆解开旋转接头以后，主密封圈没有发现明显损坏，但发现主密封两侧金属密封面有腐蚀现象（局部有小坑），如图1-2所示。

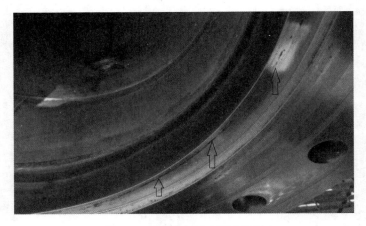

图1-2　金属密封面锈蚀情况

卸料臂长时间接卸运行，主密封多次经受冷热交替变化导致疲劳失效；主密封端面出现腐蚀也是泄漏的主要原因。接收站对投产以来卸料臂旋转接头泄漏情况进行了统计分析，如图1-3所示。

为排查腐蚀对其密封效果的影响，首先将此处主密封进行更换，下一船靠泊时对该臂

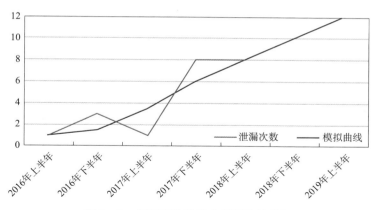

图1-3 卸料臂旋转接头泄漏统计分析

进行了预冷、进料测试，QC/DC处仍发生泄漏。因此，判断主密封端面腐蚀为泄漏的主要原因。

接收站自投产运行以来，旋转接头主密封泄漏，更换主密封后运行正常，未发现主密封端面腐蚀现象。基于此种情况，决定对其余旋转接头进行排查，对双球阀上部旋转接头进行拆检，发现其主密封端面有腐蚀现象但不明显。在此后的卸船过程中，对A、C、D臂的QC/DC处旋转接头氮气管线进行检测，均发现可燃气体。因此A、C、D臂的QC/DC处旋转接头主密封端面也存在腐蚀导致泄漏的可能。

在发现主密封端面腐蚀后，接收站首先将此情况向卸料臂厂家咨询，厂家并未给出腐蚀原因。厂家提供的解决方案是对腐蚀处进行研磨然后更换主密封再进行测试，同时强调需要更换泄漏处整个部件；其次调研周边企业，了解到有一台10in低温乙烯的同品牌卸料臂也出现过类似情况，并委托国内某厂家对腐蚀部位进行了修复，到目前为止，使用状况良好；三是联系国内厂家到场进行技术交流，提交维修方案及报价；四是组织赴国内其他LNG接收站对卸料臂维修进行调研。

3. 处置

将旋转接头密封面进行机械加工处理，修复腐蚀部分，更换新旋转接头密封垫片。

4. 启示

(1)安装旋转接头垫片时，注意清理好密封端面。

(2)设备停用时，做好不间断氮气保护。

(3)定期更换旋转接头密封垫片。

(4)随着运行时间增长，卸料臂旋转接头泄漏概率呈上升趋势，建议每年增加库存备件量。

案例2 执行机构故障致卸料臂截断阀内漏

1. 经过

某年6月，工艺运行单位在接船时发现与卸料臂相连的卸料管线上截断阀在开关时存在异响，卸料臂气密试验时压力上升缓慢，判断其存在内漏。

2. 分析

船舶离泊后，工艺运行单位配合设备检修维护单位对故障阀门进行测试。首先将码头保冷循环切断，随后将阀门进行开、关操作，发现阀门在开、关过程中仍存在异响，并伴有强烈振动。经反复测试，确认异响是阀门执行机构的气缸卡塞所致。随后，将阀门关闭，对卸料臂管段进行注氮升压测试，将其压力升至0.45MPa，次日压力降至0.41MPa，故确认该阀门因执行机构气缸卡塞关闭不到位导致内漏。

3. 处置

对阀门执行机构气缸进行加注润滑剂，浸泡一段时间后，进行多次开、关动作。执行机构气缸在加注润滑剂后，开、关测试时异响有所改善，但仍未消除。将其静置，一周后再次测试异响和卡塞消除，阀门能够正常开关。由此确认，执行机构故障原因为气缸内部润滑剂缺失，导致活塞动作卡涩。

4. 启示

此阀门在码头上，由于长时间的盐雾天气，导致执行机构气缸内部可能存在锈蚀而造成在开、关动作时卡塞，阀门不能正常动作。因此，需要定期对阀门的执行机构进行维护，尤其对位于码头的易锈蚀区阀门予以重点关注。

案例3　卸料臂切断阀压盖泄漏

1. 经过

某年11月，码头区域操作平台发出气体泄漏声音，即对码头各平台阀门管线及法兰连接处进行逐一排查，至四层平台时发现声音来自卸料臂切断阀，此时无卸船作业，码头保冷循环正常建立，阀门下游侧充满LNG，经可燃气体检测仪检测，测出可燃气体存在并超过量程，确认阀门压盖处泄漏。

2. 处置

确认泄漏后，对现场进行隔离设置，对码头保冷循环降量、降压。判断阀门泄漏原因为阀门压盖螺栓松动。

采取在线抢修方式对阀门压盖螺母进行紧固，紧固后经仪器及验漏液检测确认漏点消除。

3. 分析

此次泄漏原因是频繁接船作业使得该阀门冷热温度变化频繁并且运行时间较久，导致阀门压盖螺栓松动。

4. 启示

（1）加强卸船期间码头巡检力度，对包括切断阀在内的重要设备设施进行重点检查。

（2）做好此类阀门定期检查及维护工作，开展螺栓紧固、锈蚀螺栓更换工作。

案例4 卸料臂ERC球阀关不严

1. 经过

某年冬,在进行卸船前冷态 ESD 测试时,发现 ERC(紧急脱离接头)球阀关到95%后就停止动作;而后手动操作该阀,可顺利完成启闭动作;再次进行 ESD 测试,该阀仍关闭到95%后停止动作。

2. 分析

ERC 工作原理:测试触发 ESD1 时,ERC 球阀缸(缸 B)的液压控制阀断电 2s(24s 后重新得电),活塞杆在杆侧液压的作用下,向上移动(缸 B)球阀开始关闭。ERC 球阀液压控制原理如图1-4所示。

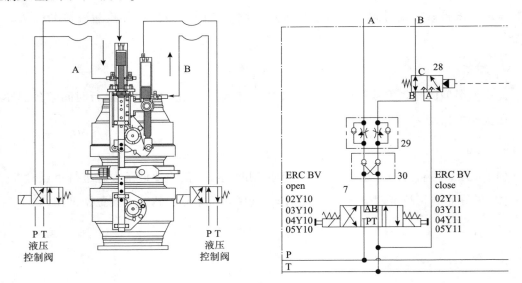

图1-4 ERC 球阀液压控制原理图

以下原因均可能造成球阀关不严:

(1)液压缸故障,液压缸卡住、液压油压不足、液压缸内有硬物。经手动测试,该阀可以正常启闭,检查储能器压力正常,可排除液压缸故障及油压不足。

（2）球阀本体故障，球阀本体卡住、通道内有异物卡住。使球阀关不严。经手动测试，可以正常打开和关闭球阀，可排除阀球与阀座卡住，检查管道内部，未发现异物。

（3）ERC液压系统流量小，导致在有限时间内不能将阀门关闭。冬季气温较低，液压油黏度变大，从而流量降低，导致在有限时间内无法关闭。

3. 处置

经确认，由于液压系统流量低，导致ERC球阀关不严。设备检修维护单位调整液压系统ERC球阀关闭的节流控制阀，增大流量，使ERC球阀在24s内能够关闭。

案例5 卸料臂电磁阀故障

1. 经过

某年8月，做卸船前测试时发现卸料臂左右动作迟缓，点动时卸料臂左右动作有时失灵，其余方向动作正常。

2. 分析

经过检查控制卸料臂左右方向的电磁阀发现，该电磁阀能够动作，且手动动作时正常，故推断电磁阀内部可能有脏污，或电磁阀频繁点动导致内部磨损。

3. 处置

设备检修维护单位将该电磁阀拆下检查，发现电磁阀内部有少许杂质，略有磨损。清理后回装再次测试，情况有所好转，但仍会出现失灵现象。由于当时没有备件，考虑到控制上下动作的电磁阀无须点动，临时将两个电磁阀互换位置，卸料臂动作正常。故判定本次故障与电磁阀磨损有关，滑阀或有轻微内漏，且卸料臂左右动作时，该电磁阀在某一方向需要加大油压卸料臂才可正常动作。

4. 启示

应保证此类频繁点动的液压油路切换电磁阀备件充足，若电磁阀再次失灵立即更换新阀。

案例6 登船梯故障致 LNG 船舶主甲板护栏损坏

1. 经过

某年 12 月，船方要求调整登船梯，需将登船梯由四层降至三层。登船梯平台开始由四层下降，降至三层后并没有停止，而是继续下降。此时按遥控器的紧急停止按钮，登船梯无反应，并且无法打开操作盘门，不能按下就地操作盘内置紧急停止按钮，操作员立即至一层平台切断电源。过程中登船梯与船方护栏发生碰撞，停在二层和三层平台之间，发生一定损坏(图 1−5、图 1−6)。

图 1−5 船方栏杆损坏情况

2. 处置

重新送电并重启登船梯操作系统，将登船梯往上升一层，使登船梯前部三角梯脚轮与船方护栏脱离，然后调整登船梯，再次将登船梯放回船方甲板。

3. 分析

经分析，原因为登船梯悬梯下降过程中，登船梯未按设定停在三层平台而继续下降，遥控器紧急停车按钮未起作用、三层平台操作盘箱盖卡涩导致无法及时停车，三角梯碰撞船方护栏。

船离泊后对登船梯进行测试，发现登船梯遥控器"急停"按钮按下后，无论是在平台上

图1-6 岸方登船梯损坏情况

升下降过程中，还是在保险脱钩过程中均未停车；就地操作盘上的"急停"按钮可使登船梯停车。

4. 启示

（1）对原有登船梯操作规程进行修改完善。

（2）船舶接卸需要调整登船梯时，遇夜间、大雾等视线不佳时，要求两名人员在场，一人操作，一人在控制盘旁，以便发现问题立即按下"急停"按钮处置。

（3）完善登船梯、卸料臂等卸船关键设备的应急预案。

（4）开展卸船前联合检查工作，发现问题及时处理，在卸船过程中如出现设备故障，及时现场检查、维修、上报，不得盲目操作。

（5）对整个登船梯控制系统、传动系统做好定期维修、维护。

（6）对登船梯原理、性能、操作要点等进行技术交底，对遥控器紧急停车按钮无效、就地操作盘门卡死等问题及时维修。

案例7　卸料总管色谱测量故障

1. 经过

某年11月，码头卸料总管采样系统及LNG色谱故障，无法进行取样分析。

2. 分析

码头卸料分析系统包含一套采样系统和一套在线分析系统。原设计将采样小屋的出样管线、LNG色谱出样管线、BOG色谱出样管线接到同一根BOG总管上。由于BOG色谱使用自取样泵，出口压力比另外两条管线出口压力高，导致另外两套设备无法出样，影响仪表测量。BOG色谱分析仪安装示意图如图1-7所示。

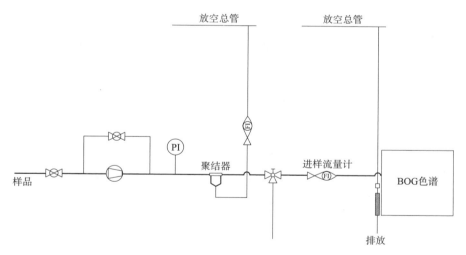

图1-7　BOG色谱分析仪的安装示意图

3. 处置

改造色谱分析仪排放管路，将BOG色谱的出样管线单独接到BOG总管。

4. 启示

在设计中，需考虑分析小屋多台色谱分析仪的排放压力，避免将不同压力的排放口接入同一管线。

案例8 卸料总管在线分析小屋通信故障

1. 经过

某年2月，码头分析小屋两台露点分析仪和两台色谱分析仪就地显示正常，而通信到 DCS系统的数据无法正常显示。

2. 分析

码头分析小屋两台露点分析仪和两台色谱分析仪均采用MODBUS通信方式，4台仪表的通信线并联到一根总线上与DCS系统通信。由于露点分析仪与色谱的通信波特率和停止位不同，导致无法正常通信。

3. 处置

更改色谱的通信设置，使其通信设置与露点仪保持一致，而后DCS显示正常。

4. 启示

(1)建议将色谱与水露点、烃露点信号分开，色谱采用MODBUS通信方式，水露点、烃露点采用4~20mA传输方式，避免多台仪表并联通信。

(2)根据运行经验，色谱断电重启后，通信设置自动更改为默认值。即只要色谱意外断电，重启之后即无法与DCS通信。故色谱意外断电之后需检查通信设置是否正确。

案例9 船岸连接系统光纤故障

1. 经过

某年2月，船岸连接系统光缆系统故障无法通信，只能使用电缆系统接船。

2. 分析

设备检修维护单位推断光纤线路存在断点，用光纤寻障仪检查后，发现船岸连接系统光纤卷轴(图1-8)存在断点，且该断点处于光纤卷轴中心的转动轴上，无法进行熔接或修复，必须更换整个转轴。

图1-8 光纤卷轴

3. 处置

更换转轴，且新转轴尺寸与原转轴不一致，需重新固定。更换完毕后，连接光纤跳线，测试正常。

4. 启示

收放光纤时需缓慢操作，避免光纤受力后产生断点，使通信中断。

案例10 快速脱揽钩刹车整流模块国产化改造

1. 经过

在系缆作业过程中，按下启动按钮，发现快速脱揽钩带缆电机不启动，无法进行系缆作业。

2. 分析

快速脱缆钩使用时，电动绞盘的绳筒在电动机和减速器的带动下可以正转和反转，失电时制动器制动，以防倒缆。电动机的转向通过磁力启动器来选择，脚踏开关控制启动和停止，从而保证有效地系缆、解缆工作。带缆电机启动逻辑为踩下启动踏板或按下启动按钮，制动器得电脱开主轴，电机开始转动；松开启动踏板或启动按钮，制动器抱住主轴，电动机停转，保证带缆滚轮不会自由转动。

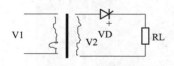

图1-9 刹车整流模块原理图

故障发生后经分析，按下启动按钮测量电动机端电压正常，制动器整流模块输入端电压正常，输出端无电压。制动器未得电脱开主轴，导致电机抱轴不能启动，故判断为刹车整流模块故障，其原理如图1-9所示。

3. 处置

(1)脱缆钩刹车模块为进口产品，采购及到货周期长，故对刹车模块进行国产化改造。

(2)处理措施：将原进口半波整流器模块拆下，将国产化半波整流器(图1-10)红线接在电动机接线端子排上，黄线接原制动器的"＋""－"极上，再将原黑色线和灰色线用绝缘胶带屏蔽。将半波整流器输出正极并联在电动机正反转主接触器的辅助常开触点 K1、K2 上。合闸重新调试，恢复正常。改造前后的整流器如图1-11和图1-12所示。

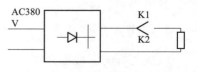

图1-10 整流器原理图

图 1 - 11　改造前整流器现场图

图 1 - 12　改造后整流器现场图

案例11 LNG船卸料期间BOG排放火炬

1. 经过

某年7月,LNG船靠泊卸料,气源为贫气,物料密度约420.9kg/m³,温度约 -160℃。卸料前BOG总管压力约19.82kPa,加速卸料阶段BOG总管压力开始上升。全速卸料时BOG总管压力达到23.53kPa并呈上升趋势,为保障生产安全,通过调节BOG火炬放空阀门控制BOG总管压力在23.5~23.75kPa之间,阀门开度3%~5%。减速卸料后,BOG总管压力开始下降,关闭火炬放空。卸料完成,BOG总管压力呈缓慢下降趋势,如图1-13所示。

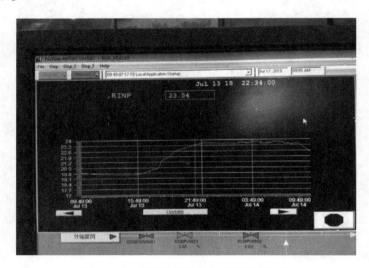

图1-13 卸料期间BOG总管压力变化

2. 分析

卸料期间BOG总管压力的大小,和接船前BOG总管压力、BOG产生量、船方返气量、BOG处理量、外输流量等诸多因素有关。为对比分析,对部分贫气船舶卸料阶段主要工艺参数进行了统计,详见表1-1。

表1-1　部分贫气船舶卸料阶段主要工艺参数统计表

船名	BOG 总管压力/kPa			BOG 处理量/（t/h）	罐温/℃		外输量/（×10⁴m³/h）	备注
	接船前	最高值	上升幅度		3#罐	4#罐		
本船	19.82	23.57	3.75	15.26	−159.1	−159.3	40	放火炬
＊＊＊＊	19.23	20.68	1.45	15.67	−159.5	−159.6	61.5	
＊＊＊＊	18.3	21.32	3.02	19.36	−159.3	−159.5	42.8	
＊＊＊＊	16.32	19.74	3.42	15.35	−159.4	−159.7	68	
＊＊＊＊	18.63	20.93	2.3	15.16	−159.4	−159.6	54.3	
＊＊＊＊	19.05	22.22	3.17	15	−159.3	−159.4	56	
＊＊＊＊	14.58	18.39	3.81	10.64	−159.7	−159.8	68.9	
＊＊＊＊	14.62	18.77	4.15	14.66	−159.5	−159.6	82	

（1）接船前 BOG 总管压力。

接收站-BOG 压缩机检修，BOG 总管压力 20.06kPa，其他两台 BOG 压缩机满负荷运行，以降低接船前 BOG 总管压力，BOG 总处理能力约 15t/h（进再冷凝流量和 BOG 直接外输流量之和），BOG 总管压力下降缓慢，接船前压力仅降至 19.82kPa。与近期接船相比，接船前 BOG 总管压力处于最高水平，BOG 总管压力上升缓冲空间小。

（2）BOG 产生量。

经分析，卸料期间无高压泵回流、异常放空等导致增加 BOG 产生量的操作。加速卸料阶段用时约 2h，不存在因加速卸料过快导致 BOG 产生量增加的情况。

本船接卸期间，储罐内物料温度较高，卸料过程中冷态物料进入罐中更易气化，导致产生更多 BOG。

（3）船方返气量。

船方舱压控制由 12kPa 提升至 13kPa，增加返气量。本次卸料过程返气总量约 280m³（液相体积），与同系列船舶平均 295m³ 的返气量差别不大。

（4）BOG 处理量。

接收站一台 BOG 压缩机停机待检修，接船期间 BOG 处理能力较低。比平时减少约 4t/h，故压力上升了 3.75kPa 时仍呈上升趋势。

（5）外输量。

因储罐抽空效应，当贫液外输量大时，贫液储罐内压力更容易控制在较低水平。

综上，LNG 船卸料期间 BOG 放空火炬，主要由接船期间 BOG 处理量低、外输量小、罐内物料温度高、接船前 BOG 总管压力高等多种原因造成。

3. 启示

夏季气温高，更多热量进入 LNG 系统，造成 BOG 产生量增大；接收站有 1 台 BOG 压缩机无法备用，且近期外输计划下调，存在高压泵需要打回流或夜间单台泵运行的情况，影响了 BOG 处理能力。建议采用以下控制措施：

（1）降低卸料速度。

延长加速卸料阶段时间（正常加速卸料时间为 1h，可根据 BOG 压力情况适当延长），以减少加速卸料阶段的 BOG 产生量，控制总管压力上升幅度。在全速卸料阶段，可通过降低全速卸料流量，减少 BOG 产生量，避免火炬放空。

风险：

①船舶在港时间延长，有船舶滞期风险，产生船舶滞港相关费用。

②全速卸料阶段通过降低流量控制 BOG 产生量，可能造成卸料压力及流量波动，对取样分析造成影响。

③受卸船期间工艺条件及船方条件的影响，无法预估保证 BOG 总管压力可控的卸料速度，需在卸料过程中进行测试。

（2）增加外输量。

卸料过程基本在夜间完成，如条件允许，可以适当增加外输量，避免出现高压泵打回流现象，保证 BOG 再冷凝系统处理能力不受限制。

（3）卸船前降低 BOG 压力。

卸船前尽量将 BOG 压力降至 18kPa 以下，增加卸船期间 BOG 系统缓冲能力。

案例 12 仪表故障致码头卸料中断

1. 经过

某年 6 月 12—13 日，卸船期间共发生 4 次卸船中断停车，经查阅 SIS 系统 SOE 事件记录，发现停车原因是卸料臂 ESD1 导致停车。

2. 分析

由于 DCS 系统历史趋势记录数量限制，因此部分成套包设备通信点没有历史趋势记录，无法确认是哪个信号引起的卸料臂停车。13 日上午对可能引起卸料臂 ESD1 的通信点增加了系统报警记录后，在随后发生的第 4 次卸船中断的事件记录中发现是液相卸料臂的接近开关误动作引起卸料臂停车。4 次卸船中断信号持续时间都很短，几秒后就恢复正常，给事故原因的分析带来很大困难。

3. 处置

通过查联锁图，确认引起卸料臂 ESD1 联锁的接近开关为 B02/B07。设备检修维护单位检查 B02/B07 回路的所有仪表设备和线路，并更换接近开关。更换后卸料臂工作正常，未再次出现卸船中断现象。

4. 启示

（1）需定期对卸料臂的所有接近开关进行检查。

（2）按照实际需求在 DCS 中增加卸料臂通信点的趋势记录和系统报警记录。

案例13　卸船期间卸料臂泄漏紧急处置措施

1. 问题背景

由于卸料臂法兰连接处、旋转接头密封圈损坏等各类原因，在卸料臂预冷或卸货作业期间，使用中的卸料臂很可能出现泄漏且无法现场抢修，这要求第一时间启动泄漏臂的切断及备用臂的启用流程。

2. 应对措施

当全速卸货阶段出现卸料臂泄漏时，第一时间通知船方尽快降低卸货速度，待卸货速度降至剩余两条臂可接受的安全范围(约8500m³/h)后，船岸双方启动泄漏臂的切断流程，该臂卸货流程切断后尽快进行船/岸排凝工作。同时，进行备用臂的连接、气密测试、吹扫和预冷等卸货相关准备工作，待备用臂预冷至目标温度以下时，并入卸货流程，再通知船方重新加速至全速卸货。

3. 关键注意事项

(1)在全速卸货阶段发现某条卸料臂泄漏时，立即通知船方降速并切断该臂卸货流程。

(2)泄漏臂卸货流程切断后，应尽快对该臂进行船/岸侧排凝，排空该臂内的液货，防止因液货的快速挥发导致该臂压力急剧升高。

(3)备用臂的预冷阶段需谨慎操作，避免预冷温度下降过快，对卸料臂造成损坏。

(4)岸侧再打开备用臂切断阀时，注意关注切断阀上下游压差，避免液货逆流。

第二篇

LNG低压储存及BOG处理系统

案例14　LNG 储罐贫富液混装及分层防范措施
（包括日常运行的防范）

1. 背景

某 LNG 接收站同时接收贫富两种 LNG，贫 LNG 密度约为 421kg/m³，富 LNG 密度约为 471kg/m³，两种气源密度相差较大，如果罐存管理不当，极易造成储罐分层。

一旦发生分层需启动罐内泵进行罐内循环，增加电能消耗。若分层得不到有效控制，将造成储罐内 LNG 液体翻滚，严重影响安全生产。

2. 处置

码头保冷循环采用贫液，正常生产时关闭富液罐上进液 HV 阀旁通阀，间歇开启为其降温。

接卸富液船前码头保冷循环切至富液，并对管存贫液进行置换；富液卸料结束后码头保冷循环切回贫液，并对管存富液置换，防止过多的贫富液互掺。

零输出、排凝均通过上进液管线返回储罐。零输出 LNG 密度介于贫、富液之间，进贫液罐；LNG 排凝回罐的过程中较轻的甲烷被大量蒸发，更接近富液成分，进富液罐。

案例15 罐内泵出口调节阀回讯故障

1. 经过

工艺运行单位在运行过程中发现罐内泵出口调节阀阀门动作正常,却无回讯信号。

2. 分析

经设备检修维护单位检查确认,阀门执行机构动作正常,回讯器不动作。将回讯器连接阀门压盖打开(图2-1),发现执行机构与回讯器连接销断裂(图2-2)导致无回讯信号。

图2-1 打开回讯器连接阀门压盖

图2-2 执行机构与回讯连接销断裂

3. 处置

将断裂的连接销取出,更换新连接销。

4. 启示

原连接销为空心结构,易因锈蚀及应力作用断裂。设备检修维护单位将连接销改为实心不锈钢材质,并对其他阀门连接销进行检查更换,防止再次出现该类故障。

案例16 LNG 储罐 LTD 液位计干簧管开关故障

1. 经过

LNG 储罐 LTD 液位计出现故障，不能执行运行命令，执行梯度测量时会出现密度值和温度值的跳变，无法实现对储罐的密度监测。

2. 分析

检查传感器的接线并测量阻值，测量结果如下：

(1)Slip Ring 两端电阻值 0.2～0.3Ω，无短路和断路现象。

(2)Tapel 两端电阻值：密度测量线两端阻值 14Ω 左右，无短路和断路；温度测量线两端阻值 6Ω 左右，无短路和断路现象。

(3)密度传感器线圈阻值正常。

根据测量结果判定干簧管开关(图 2 - 3)故障导致 LTD 液位计失灵。在预调试时，传感器探头碰到安装底板或罐底后，干簧管开关使探头停止位移。预调试完成后应拆除干簧管开关，否则在 - 160℃ 的环境中干簧管开关可能短路，导致驱动传感器探头的电极停止运动。

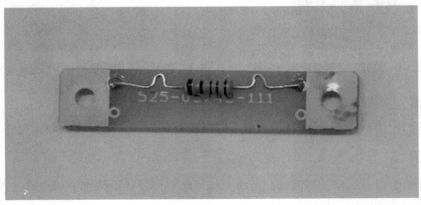

图 2 - 3 干簧管开关

3. 处置

将浮子升到顶部，关闭一次阀，将 LTD 液位计后盖打开，把钢带连接传感器处的 PCB（电路板）上的干簧管开关剪去。

测量主板温度密度检测的保险管阻值为 15Ω，在正常范围之内。关闭后盖，通过操作按钮手动下降传感器探头，现场密度显示为 0。继续下降传感器探头到液面高度后静置几分钟，随后继续下降，现场显示密度值为 457.6kg/m³，在主板上测量频率值为 3.36kHz，并且此频率值稳定。

最后在中控室远程执行梯度检测，结果正常。

4. 启示

为防止此类故障发生，应将其他 LNG 储罐 LTD 液位计的干簧管剪除。

案例17　LNG储罐LTD液位计电源故障

1. 经过

LNG储罐LTD液位计频繁出现故障（图2-4），故障期间监测失效，无法实现对储罐的密度监测。

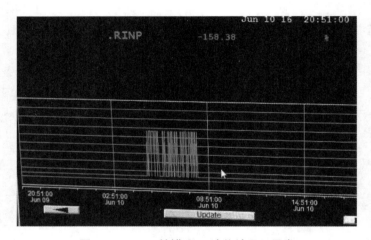

图2-4　LNG储罐LTD液位计显示异常

2. 分析

故障期间LTD液位计频繁重启，初步判断电源系统出现问题。检查供电系统（图2-5），室内外电源开关动作正常，无虚接断线情况，线路电阻正常，排除供电系统问题。

图2-5　LTD供电线路检查

检查 LTD 内部各项参数：

（1）电源：218.8～219.6V。

（2）CPU 电压［Pin#2（10）～Pin#（9）］：

日期	电压值
Last Service（Apr 21，2016）	5.21V
Jun.13，2016	5.25V to 5.26V

（3）电阻值。

Zener Barrier	Reference	Measured
ZD1（terminal #1 to #8）	318Ω	314.8Ω
ZD2（terminal #1 to #8）	105Ω	104.3Ω
ZD2（terminal #4 to #5）	105Ω	105Ω
ZD3（terminal #1 to #8）	18Ω	18.1Ω
ZD4（terminal #1 to #8）	105Ω	105.2Ω
ZD4（terminal #4 to #5）	105Ω	104.6Ω
ZD5（terminal #1 to #8）	160Ω	161.3Ω
ZD5（terminal #4 to #5）	160Ω	161.1Ω

根据检测结果分析，CPU电源有微小波动。目测电源板电容有轻微膨胀漏液现象，如图2-6所示。

图2-6　故障电源板

3. 处置

更换电源接线端子、电源转换卡、电源单元，观察 LTD 液位计运行情况，梯度测量正常。检查和备份系统故障记录，检查前一天的行为记录，服务器没有警报。

4. 启示

定期检查仪表电路板，发现异常及时更换。

案例 18　LNG 储罐 LTD 滑环故障

1. 经过

LNG 储罐 LTD 液位计出现故障，在做梯度检测时，密度数值经常出现跳变。

2. 分析

对上升浮子进行检查。在气相环境中线圈电阻均是 128Ω，浮子下降到液相空间线圈电阻开始跳变，跳变区间为 $0 \sim 50\Omega$，同时密度也开始跳变，下降越多密度跳变越大，次数也越频繁。

手动提升探头，在上升过程中测量频率，开始时密度值稳定在 3.26kHz，现场密度显示稳定，而后频率检测值波动，现场密度也出现跳变，密度显示值为 0。

记录探头到达最高处的位置值：43019mm。检查主板温度、密度检测的保险管，阻值为 15Ω 左右，在正常范围内。在滑环钢带连接板上测量传感器的接线并测量阻值，检测结果如下：

（1）检测密度传感器的振荡线圈和接收线圈，两端阻值在 126Ω 左右，无短路、断路现象。

（2）检测温度传感器无断路和短路现象，温度测量线路阻值正常。

（3）断开航空插头，检测端子无断路、短路现象。

由此判定滑环在旋转过程中由于触头磨损，相邻的接线之间出现短路现象，故在执行自动梯度测量时，如密度值低于 $330kg/m^3$，程序会错误认为传感器已到达气相区域，导致密度值跳变。

3. 处置

如图 2-7 所示，更换新的滑环后，执行梯度检测命令，结果正常。

4. 启示

滑环是易磨损件，应保持备件充足，以便再次磨损后可立即更换。

图 2 - 7　更换滑环

案例 19   LNG 储罐手报故障导致喷淋启动

1. 经过

LNG 储罐喷淋启动，中控室 FGS 系统显示手报 MCP – 08 报警，而经确认现场无火灾事故。设备检修维护单位发现设备外观完好未触碰，手报按钮未按下，判断为误报警。

2. 分析

LNG 储罐顶部有两台手报，分别安装在放空平台和平台楼梯口，两台手报并联，任一手报报警，均会触发雨淋阀动作，启动喷淋以及现场和室内火灾声光报警系统。

经检查，手报电气元件为封装式，现场接线端子无松动，无腐蚀现象，将两台手报拆回检测发现放空平台处的手报电阻值在 $110 \sim 4k\Omega$ 波动，而正常值应为稳定无穷大，由此判断此台可报内部电气元件有损坏。更换新的手报后系统恢复正常。另一台测试正常。

3. 处置

手报内部电气元件老化，造成手报信号不稳定。为防止再次出现此类误报警，设备检修维护单位应根据现场情况定期更换新手报。

案例 20　LNG 储罐安全阀泄漏

1. 经过

LNG 接收站有 4 台 16 万立方米的 LNG 储罐，每台储罐都配备了 4 台压力泄放安全阀。运行过程中检测发现多台阀门出口甲烷含量超标，经过对 4 台储罐合计 16 台安全阀进行全面检测，仅 2 台阀门检测正常。

2. 分析

对阀门故障情况进行排查分析如表 2 - 1 所示。

表 2 - 1　储罐安全阀故障情况统计

阀门位号	故障情况
1001	阀座开胶、上阀腔支撑板铆钉断裂、阀腔存在大量杂质
1002	阀座开胶、阀腔存在大量杂质、导阀漏气、上阀腔膜片损坏
1003	阀腔存在大量杂质、阀座开胶
1004	阀腔存在大量杂质、上下膜片损坏、导阀阀座有杂质
2001	阀腔存在大量杂质、导阀连接短接漏气、支撑板铆钉断裂、上阀腔膜片损坏
2002	阀腔存在大量杂质、支撑板铆钉断裂、阀座开胶
2003	阀腔存在大量杂质、支撑板铆钉断裂、阀座开胶
2004	阀腔存在大量杂质、上下膜片损坏、支撑板铆钉断裂、阀座开胶、导阀连接短接漏气
3001	阀腔存在大量杂质、导阀连接短接漏气、铆钉断裂、下膜片损坏
3002	阀腔存在大量杂质、支撑板铆钉断裂、导阀连接短接漏气、阀座开胶
3003	阀腔存在大量杂质、上下膜片损坏、支撑板铆钉断裂、阀座开胶、导阀连接短接漏气
3004	上阀腔支撑板铆钉断裂、上下膜片损坏、阀瓣塑料膜片与阀座之间密封不严
4001	正常
4002	阀腔存在大量杂质、阀座开胶
4003	正常
4004	阀腔存在大量杂质、阀座开胶

3. 处置

根据以上分析，阀门泄漏主要由以下 3 种因素造成：①导阀失效。②上阀腔漏气。③主阀阀座密封不严。

为更准确地找出阀门泄漏原因，设计如下检测步骤，分别对导阀、上阀腔、主阀阀座进行检测。

（1）测试导阀。

①测试工具按照图 2－8 进行连接，先注入氮气升压至 25kPa 左右，稳压 3min，检查导阀与主阀连接短接的丝扣处是否漏气。若有漏气，处理完成后再进行下一步测试。②升压至设定压力 29kPa（上下误差不超过 1%），导阀应全部开启，此时若能听见明显的泄气声，则表示导阀开启压力正常。③逐渐减压到设定值的 90%（26.1kPa），从检测口用肥皂水进行检测，若未发现冒泡，则表示导阀运行正常。需要注意的是，为避免测量误差，该步骤应重复测试 3～5 次。

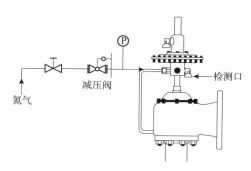

图 2－8 导阀测试示意图

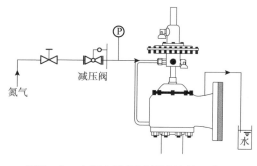

图 2－9 主阀上腔测试管道连接示意图

（2）测试主阀上腔。

在确认导阀无误的前提下，进行主阀上腔密封性能测试。①通过阀出口预留丝堵处进行冒泡试验，要求阀门出口先用盲板进行封堵，管道连接如图 2－9 所示。②对主阀上阀腔充压，逐渐升压到 26.1kPa 以下，稳压 3min，如果瓶中有气泡，且压力下降，说明上腔有内漏。冒泡试验过程中，需要注意的是测试细管只能插入液面以下 1cm 左右。

（3）测试主阀下腔。

若前两项测试不合格，则直接解体阀门检查下阀腔密封情况；若合格，按以下步骤进行下阀腔密封性能测试。①按照图 2－10 所示进行管道连接。②对上下阀腔同时充压，逐渐升压到 26.1kPa 以上，检测合格标准为：压力大于 26.1kPa 时，1min 气泡不能超过 5 个，若气泡较多，说明下阀腔内漏，则需拆解阀体，检查具体内漏原因。

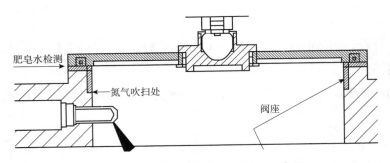

图2-10 主阀下腔测试管道连接示意图

(4)阀座密封检测。

若以上3项内容检查合格，则表示阀座密封性能良好；若不合格，则必须拆解阀体

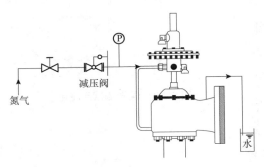

图2-11 阀座密封检测示意图

进行详细检查。主阀阀座与阀体之间采用的是胶黏连接(图2-11)，因此阀座测试的内容主要是光洁度检查与阀座开胶测试。检查阀座是否开胶是利用氮气对阀座与阀体的接缝处进行吹扫，若发现冒泡，则需要对阀座进行涂胶处理。检测过程一要注意氮气压力不能太高，一般控制在60kPa左右；二是需待密封胶完全固化后，再进行二次复查。

4. 启示

(1)严格把控阀门安装质量。经统计有8台阀门均存在导阀连接短管丝扣处漏气、主阀执行机构顶部支撑板连接铆钉断裂的问题，如此会导致主阀上阀腔不能稳压，执行机构不能正常工作，造成主阀泄漏。

(2)安全阀就地放空口设计有干粉炮，而储罐投产时必须进行干粉炮测试，如此干粉有可能顺延着放空管进入阀腔内，导致阀座上夹杂干粉而泄漏。为此建议：①从设计角度考虑，改变放空口方向。在安全状况允许下，建议放空口向下设置；②储罐投产进行消防干粉炮测试时，需将放空口堵死。

(3)发现阀座开胶后，建议直接更换阀座，而不采用胶修补，修补后的阀门运行一段时间后可能会再次出现开胶问题。在条件允许的情况下，改变阀座的连接形式，可以从根本上解决问题。

案例21 罐内泵振动值过高

1. 经过

罐内泵振动值升高到4.0gpk(图2-12),超出设备正常运行时振动值,现场设备运行声音异常。

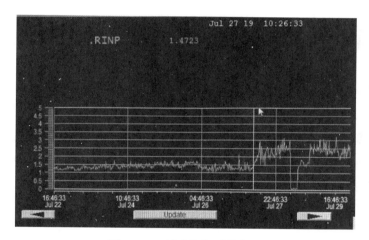

图2-12 罐内泵振动值曲线

2. 分析

在第一次检修前,罐内泵共运行16881h,某年4月检修后试车振动值为1.54/1.67gpk,流量114t/h,出口压力1.11MPa。某年7月,罐内泵振动值开始升高。罐内泵振动值约为3gpk,峰值可达4gpk。根据检修后运行情况统计(表2-2),泵运行出口压力在1.06~1.15MPa之间,前期振动未见异常。

表2-2 检修后罐内泵运行情况统计

日期	振动值 A/gpk	振动值 B/gpk	出口压力/MPa
2019. 5. 3	1. 24	1. 27	1. 13
2019. 5. 8	0. 89	0. 84	1. 07
2019. 5. 20	1. 57	1. 53	1. 08

续表

日期	振动值 A/gpk	振动值 B/gpk	出口压力/MPa
2019. 6. 27	0. 69	0. 85	1. 15
2019. 6. 27	0. 85	0. 89	1. 14
2019. 7. 4	0. 82	0. 95	1. 08
2019. 7. 12	0. 94	1. 23	1. 06
2019. 7. 18	0. 67	0. 78	1. 13
2019. 7. 22	1. 38	1. 26	1. 09
2019. 7. 24	1. 67	1. 53	1. 08
2019. 7. 26	1. 36	1. 39	1. 11
2019. 7. 27	2. 18	2. 12	1. 12
2019. 7. 29	2. 58	2. 60	1. 09

从表 2 - 2 中数据可以得知，出口压力的变化并不是导致泵振动值升高的直接原因。

根据机泵振动在线监测系统频谱(图 2 - 13)看出：无特别突出的振动频率为主要振动，振动变化幅值较大，1 ~ 5000Hz 同时增大，同时减小。根据以上特征，判断振动值升高的主要原因为泵体及泵筒的整体振动。罐内泵与泵筒内底阀无固定方式，依靠泵体自重坐在底阀上面，底阀锥面与泵下方锥面配合并起密封作用，但泵体自重为 1t，高 2.2m 且重心偏上，与底阀接触不牢使泵整体振动并撞击泵筒壁。

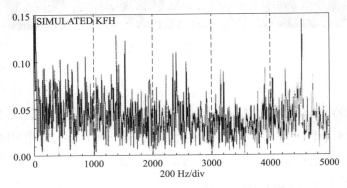

图 2 - 13　罐内泵振动在线监测系统频谱

根据罐内泵装配间隙对照表(表 2 - 3)可以看出，泵轴承及轴承压盖之间的间隙 a - b 数值较其他泵拆检时大许多，说明此泵轴承及轴承压盖之间经常发生磨损，且磨损量较大，轴向窜动也较大，更换新轴承后轴承游隙变小，泵轴向可窜动量变小，轴承受力较大。

表2-3 罐内泵装配间隙对照表

设备位号	标准值/mm	解体 a-b 数值/mm	装配 a-b 数值/mm
0301-P-04B	0.10~0.15	-0.5	-0.15
0301-P-04C	0.10~0.15	-0.37	-0.14
0301-P-03A	0.10~0.15	-0.26	-0.14
0301-P-01C	0.10~0.15	-0.24	-0.15

3. 处置

拆检后对装配间隙进行复测,装配间隙无异常,所有部件未见明显磨损,与装配间隙对比发现无任何变化,级间轴套尺寸正常,平衡鼓与平衡鼓室无磨损,中间轴承及轴承室无磨损,泵轴弯曲度符合要求。检测轴承后发现只有电机下轴承滚球有磨损情况(目测),经现场测量轴承轴向游隙变大,由新轴承的0.2mm游隙增大到0.30mm,由此可见轴承磨损较严重。更换三盘滚动轴承后严格按照厂家技术要求进行组装后,设备试运行正常。

所以该罐内泵振动值过高是由电机下轴承磨损严重导致的。轴承磨损的主要原因为:

(1)轴承本身质量存在问题,滚动体有缺陷。泵吸入口进入异物,随之进入轴承内,使轴承滚动体磨损。因工艺原因产生较大的轴向冲击,使轴承滚动体损坏,电机下轴承是承受轴向不平衡力的唯一零件,LNG作为润滑介质,润滑性能较差,使轴承极容易损坏。

(2)轴向力存在一定的不平衡量,在第一次检修时发现电机下轴承压盖磨损量约0.26mm,所以电机下轴承在某个时间一定存在不平衡情况导致压盖磨损。而本次拆检没有发现轴承压盖有磨损的情况,可能导致这种情况发生的原因是轴承力较大,轴承外圈未与压盖产生相对运动。

4. 启示

组装时严格控制轴承清洁;装配时检查清理零部件内部,防止加工时留下的金属碎屑;装配前注意清理配合面毛刺。

案例22　罐内泵吊出过程中卡顿

1. 经过

对罐内泵开展15000h周期性检修作业时，当泵提升至离泵筒顶部出口约11m距离处，听到泵筒内发出金属摩擦声，随即暂停提升工作。通过望远镜发现泵顶端的防坠物网罩边缘与泵筒内焊缝接触受阻，防坠物罩边缘出现不规则形变（图2-14），泵无法继续向上提升。

图2-14　罐内泵防坠物罩变形情况

2. 分析

泵上升受阻有以下原因：

①防坠物网安装时发生不规则变形。

②受阻处焊缝不平滑且高于母材较多。

③泵筒在受阻处有变形导致同心度不够。

④泵筒在受阻处圆度不够。

3. 处置

用下降及调整角度上升的方式进行尝试。经过多次试验，泵下降时非常通畅，但每次上升到该焊缝处受阻无法吊出。为此制作了一个长约12m，头部为楔形的工具，利用楔子在变形的安全网与泵筒之间的间隙一点一点将安全网变形处整形。

4. 启示

①检修罐内泵时，保护好泵顶部安全网，防止安全网产生变形。

②罐内泵回装时，注意检查安全网是否变形。

③泵井焊接验收时重点检查内部焊缝的突出焊疤并清理打磨。

案例 23 BOG 压缩机气缸盖泄漏

1. 经过

某年 12 月 7 日，BOG 压缩机一级气缸盖处结冰异常，存在漏气声。经可燃气体检测仪检测发现可燃气体泄漏，且泄漏量较大，此时 BOG 压缩机工艺运行参数正常。

2. 分析

因压缩机检修，密封圈经过多次冷热突变，膨胀收缩，使得密封圈弹性减弱导致泄漏。

3. 处置

7 日 9:17，停止该 BOG 压缩机运行。BOG 压缩机 0330 - C - 01B 运行负荷提至 100%。

7 日 9:20，对 BOG 压缩机进行隔离置换，并进行断电。由于 BOG 压缩机正常运行时一级气缸内温度约为 -130℃，置换合格后温度仍然很低，此时打开气缸盖后一旦湿润空气进入，气缸壁会立刻结霜。为消除缸内结霜风险，保证抢修完成后设备能够快速投入使用，先使用氮气持续吹扫，待压缩机一级气缸内温度回升至环境温度后再进行处理。

次日，早上 7:00，压缩机一级气缸入口温度为 0.8℃，出口温度 1.6℃，已回温至环境温度，开始更换气缸密封垫片作业。首先将气缸外表面冰霜进行清理，将一级气缸盖坚固螺栓全部松开，将一级气缸盖吊起高于气缸顶 0.5m 处，将旧密封圈取出，检查气缸及气缸盖密封点情况，经检查密封圈及密封点无损伤。随后，使用砂纸将气缸及气缸盖密封点进行清理，再次检查确认密封点没有问题后，将一新密封圈安装到气缸盖密封点处并加涂平面密封胶，然后将气缸盖缓慢回装到气缸内。当气缸盖与气缸稳固接触后，将螺母全部旋到螺杆上，使用力矩扳手依次使用 150N·m、300N·m、450N·m 三次并成对向依次紧固。

图 2-15 为 BOG 压缩机一级气缸入口和出口温度在停机吹扫阶段的变化趋势，其中线 1 为一级气缸入口温度，线 2 为一级气缸出口温度。

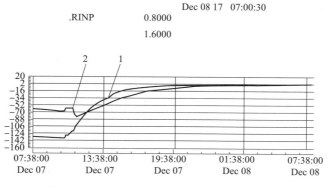

图2-15 BOG压缩机一级气缸出入口温度

7日9:35泄漏气缸维修处氮气升压验漏合格，开始进行干燥置换。

8日12:00压缩机干燥置换合格(氧含量0%，露点-47℃)，并送电。

8日12:10恢复压缩机流程，重新启动，经检测未发现泄漏，压缩机投入正常使用。

4. 启示

(1)压缩机为低温压缩机，所使用的密封材料可能因温度突变导致泄漏，所以要减少温度的突变。

(2)在密封部位安装时检查密封件的情况，如果有损伤严禁使用。

(3)将压缩机气缸盖作为重点位置进行巡检关注。发现异常声音、现象等要仔细查看并查找原因，及时消除安全隐患。

(4)关于冬季大负荷生产期间的BOG管网压力特征，要做好大数据收集及分析，得出BOG管网压力的影响因素及特点。

案例24 BOG压缩机一级排气缓冲罐 压力变送器引压管法兰泄漏

1. 经过

在对某BOG压缩机运行情况检查时，发现前一级排气罐上压力变送器引压管线第一道法兰有泄漏现象，法兰已经结霜。清除法兰处的冰霜后，确认是引压管与法兰的焊口产生裂缝，如图2-16所示。

图2-16 泄漏点位置示意

2. 处置

裂缝处压力约为0.27MPa，温度-50℃，此泄漏点无法进行在线隔离和在线处理。随即停止该BOG压缩机，关闭进/出口等阀门，对流程进行隔离，打开回流线和安全阀旁路对压缩机内进行泄放，排放至BOG汇管，打开注氮管线对压缩机进行吹扫置换。吹扫置换之后，关闭吹扫相关阀门，打开安全阀入口处导淋阀将压力泄至常压。随后拆开泄漏处法兰，在缓冲罐上安装上盲法兰，关闭安全阀入口处导淋阀，将压缩机系统封闭，并将泄漏点彻底隔离交付检修。

将引压管隔断，方便现场连接并配备了针形阀；将原截止阀、裂纹法兰以及引压管拆下，在检维修厂房将备件按原结构预制好后，现场回装，然后压缩机重新投入使用。回装后的结构图如图2-17所示。

更换阀门和法兰

前一级出口缓冲罐

隔断引压管换成针形阀

图2－17　检修回装后结构图

3. 启示

本次事件体现了认真巡检的重要性，巡检过程除查看主要设备运行参数外，需要重点查看现场设备、管线运行有无异常声音、振动，有无异常结冰或冷气等现象，如出现异常情况需仔细排查。

案例 25　BOG 压缩机减温器入口阀门故障

1. 经过

BOG 压缩机正常运行时，减温器入口阀门突然关闭，导致 BOG 压缩机联锁停车。

2. 分析

本次停车 SOE 事件记录显示，阀在没有任何指令的情况下突然关闭，现场检查阀门测试正常。查看近期所有的 SOE 记录，发现 BOG 压缩机上一次联锁停车时，系统输出指令关闭减温器入口阀门，但由于阀门电磁阀失灵，阀门未关闭，亦未进行复位操作。再次投用后，由于关阀指令一直存在，压缩机运行一段时间后电磁阀突然动作，导致阀门关闭。该阀门关闭逻辑如图 2 - 18 所示。

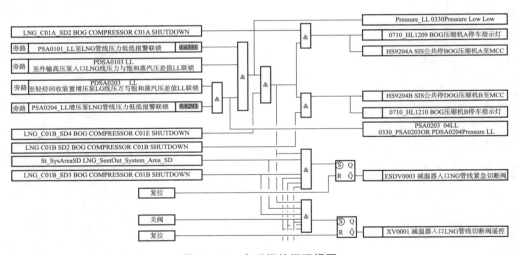

图 2 - 18　电磁阀关阀逻辑图

3. 处置

处理电磁阀故障，确保阀门开关正常。

4. 启示

每次压缩机停车后，应检查所有阀门的状态，并进行测试，防止再次出现类似故障。

案例 26　BOG 直输用气量剧烈波动引起 BOG 压缩机停车

1. 经过

某年 4 月 14:23:04,BOG 外输管网下游用气量出现剧烈波动,14:25:06 下游用气量瞬时骤然上涨(图 2 - 19)。此时正在进行新投产 BOG 压缩机性能测试,由于仅运行该台 BOG 压缩机,再冷凝器气相流量可控范围较小,从而引起再冷凝器气相流量突然减少(图 2 - 20),继而导致再冷凝器液位由 61% 迅速升至 90%(图 2 - 21)。14:26:50 触发液位高高报警联锁,联锁导致 BOG 压缩机入口管线阀门联锁关闭,BOG 压缩机联锁跳车。

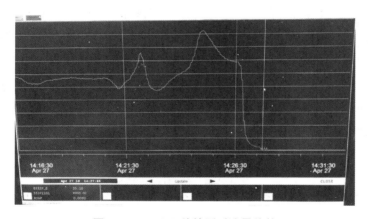

图 2 - 19　BOG 外输瞬时流量趋势

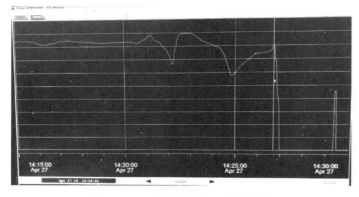

图 2 - 20　再冷凝器气相流量趋势

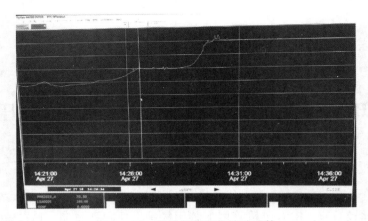

图2-21　再冷凝器液位波动趋势

2. 处置

发现BOG压缩机跳车后，启动应急响应程序，立即组织排查并消除原因，及时恢复生产。

查找DCS及SIS系统报警记录，确定再冷凝器液位高高联锁是造成BOG压缩机停机的直接原因。当BOG直输系统流量突然大幅波动导致再冷凝器气相流量降低，以致再冷凝器液位升高。

原因排除后，重新启动新投产BOG压缩机。为保证迅速恢复BOG外输，同时启动另一台BOG压缩机，调整接收站BOG再冷凝系统运行正常。

当确定BOG直输下游用户排除问题后恢复BOG正常外输。

3. 分析

BOG压缩机跳车的直接原因为再冷凝器液位高高联锁。触发该联锁的原因是BOG外输管网下游用气量出现剧烈波动，门站未及时向中控室进行通报，中控室来不及调整，并因接收站正在进行新投产的BOG压缩机的性能测试，仅运行该台BOG压缩机，外输瞬时波动对再冷凝器气相流量影响尤为明显，从而导致再冷凝器液位波动剧烈引发本次BOG压缩机跳车事故。

4. 启示

（1）进一步加强门站与中控室的信息沟通，下游用气量一旦出现波动，门站应第一时间通报中控室。

（2）新增设备调试期间，要做好风险分析，做好跳车应急处置准备。

（3）加强对关键阀门、设备的启动及复位逻辑的学习，确保出现跳车能够迅速判断原因并在第一时间实现复位再启动。

案例 27　BOG 压缩机导向轴承损坏

1. 经过

对 BOG 压缩机 A 进行周期性检修，当拆检到一级活塞导向轴承时（图 2 - 22），发现导向轴承巴士合金层脱落。脱落的合金被活塞杆挤压带入轴承其他部件，使轴承间隙发生变化，造成导向轴承合金层发生熔化、偏心。

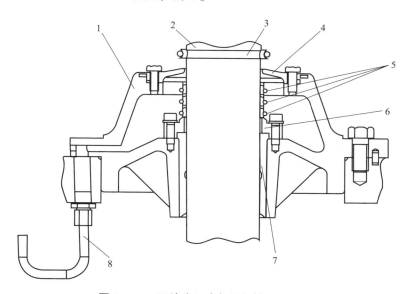

图 2 - 22　开放式无冷却导向轴承结构图
1—轴承座；2—活塞杆；3—油盾；4—导向轴承盖；5—刮油环；
6—冠环；7—轴承衬套；8—9 号油虹吸管

2. 分析

滑动轴承损坏原因主要有：胶合轴承过热、载荷过大。主要原因为操作不当或温度控制系统失灵。

轴承疲劳破裂主要是由振动、轴的挠曲与边缘载荷、过载等引起的轴承巴氏合金疲劳破裂。

轴承拉毛的主要原因是，润滑油把大颗粒的污垢带入轴承间隙内，并嵌藏在轴承轴衬上，使轴承与活塞杆接触时形成硬痂，在运转时会严重地刮伤轴的表面，拉毛轴承。造成此问题的主要原因是，油路不洁净，尤其是检修过程中润滑油内混有杂质、异物及污垢；检修方法不妥，安装不对中；使用维护不当，质量控制不严。

在检修中发现BOG压缩机一级活塞与气缸壁有较重的摩擦情况，并且该机之前在安装完成调试中发生过较重的磨缸情况，经过厂家多次调整后解决。

结合BOG压缩机整体检修情况及安装调试时的情况分析，导向轴承损坏的主要原因为，初装压缩机时气缸与十字头滑道、导向轴承同轴度偏差过大造成活塞磨缸。同时，同轴度偏差过大也会造成导向轴承与活塞杆接触面积变小，活塞严重磨缸会使导向轴承受力过大。以上两点均可造成导向轴承疲劳破裂。

3. 处置

(1)调整气缸与十字头滑道同轴度。

(2)更换新导向轴承，保证导向轴承清洁及与活塞杆配合间隙符合要求。

(3)严格控制检修质量，保证润滑油清洁无异物。

(4)保证活塞杆表面粗糙度。

4. 启示

(1)严格控制轴承安装质量。

(2)按要求操作，控制油温。

(3)定期检查气缸与十字头中心同轴度。

(4)检修时严格控制检修质量，保证润滑油清洁、无污垢、金属等异物。

案例 28　BOG 压缩机过滤器吹扫方案优化

1. 问题背景

BOG 压缩机过滤器压差大时,可通过氮气对过滤器进行反向吹扫。进口 BOG 压缩机入口管线无氮气吹扫接口,需采用临时软管连接压缩机入口处 OB-02 和过滤器压差表下游引压阀 V-1 处(图 2-23),引氮气注入过滤器的下游,从过滤器上游 DN50 导淋进行排气泄压,实现过滤器的反向吹扫。

存在问题是:每次作业都要拆卸 V-1 处法兰进行软管连接,对阀门法兰密封有一定损害;氮气注入未经过滤,可能会对阀门内密封件和压缩机本体造成损害;操作复杂,作业效率较低;排气口区域管线紧凑,距离操作员太近,吹扫作业时操作环境危险。

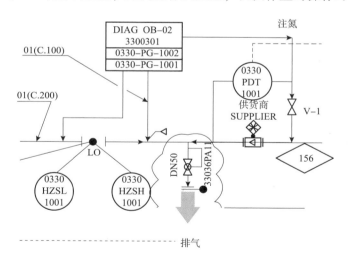

图 2-23　处置前 BOG 压缩机过滤器反向吹扫示意图

2. 优化措施

(1)注氮口增加过滤器。

(2)阀门 V-1 下游增加三通,并且增加阀门-2、V-3、V-4(止逆阀)。

(3)排气处增设三通及阀门 V-5,并且设高点排放口,排放口安装阻火器。

此方案(图 2-24)可简化操作,减少对密封面的损害,吹扫气体通过高点放空,不会形成爆炸性聚集环境，降低了操作风险。

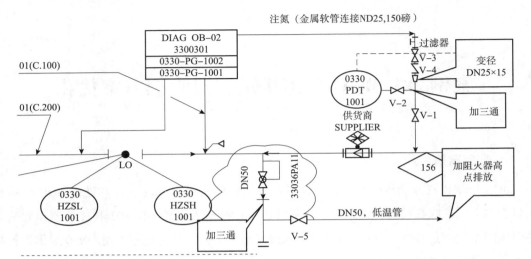

图2-24　优化后的吹扫示意图

第三篇

LNG 汽化外输系统

案例 29　高压泵泵轴弯曲

1. 经过

高压泵 E 泵试车过程中，发现振动异常，振动值达 $13\,mm/s^2$。在振动频谱图中，50Hz 的工频峰值十分明显，故障表征为转子不平衡。

2. 分析

采用单支点检测方式（图 3-1），轴在测点 8、9 位置跳动值最大。其中，180°轴模态形图中 8、9 三测点跳动值最大，分别为 $-1\,mm$、$-1.05\,mm$（"$-$"代表方向），远远超过了轴在对应位置的允许跳动值 $0.19\,mm$、$0.23\,mm$。由此可判断轴是弯曲的，且在测点 8、9 弯曲的幅度达到最大。

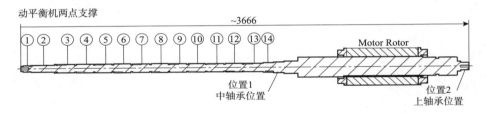

图 3-1　单支点检测示意图

采用双支点检测方式（图 3-2），轴在测点 8、9 位置直线度偏差最大。其中，180°直线度图中 8、9 测点直线度偏差最大，都为 $-1.1\,mm$（"$-$"代表方向），远远超过了轴在对应位置的允许直线度偏差 $0.05\,mm$。由此可判断轴是弯曲的，且在测点 8、9 弯曲的幅度最大，这与单支点检测方式得到的结论一致。

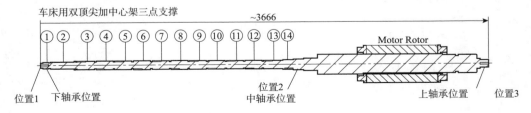

图 3-2　双支点检测示意图

3. 处置

更换新泵轴。

4. 启示

由出厂监造报告得知，泵轴出厂本身存在缺陷。考虑到轴在校直过程中存在无法完全消除的残余内应力，后期使用过程中，在残存内应力逐步释放时会再次弯曲，因此需更换新轴。

建议挠性轴最好委托专业厂家定期进行校轴。

案例30 高压泵增加叶轮后故障率过高

1. 经过

接收站高压外输泵 A、B、C、D 因泵入口过滤器失效，导致 4 台机泵叶轮口环及轴衬套损坏严重，将 4 台机泵分别返到国内厂家进行了较大的维修及部分改造，并增加了 4 级叶轮。维修并运转一段时间后，4 台机泵先后因振动突然升高到报警值而进行再次维修，各个泵的运行时间为：A 泵运行 7579h，B 泵运行 5525h，C 泵运行 1905h，D 泵运行 4830h。

2. 分析

(1) 4 台泵电机下轴承压盖均有被轴承外圈磨损的情况，除了 B 泵磨损量只有 0.1mm 外，其余都在 0.4mm 左右。所以可以确定 4 台泵在运行过程中，电机下轴承都存在承受轴向力的情况。

(2) 拆检轴承，发现轴承的滚珠也有明显的磨损痕迹，如图 3 - 3、图 3 - 4 所示。

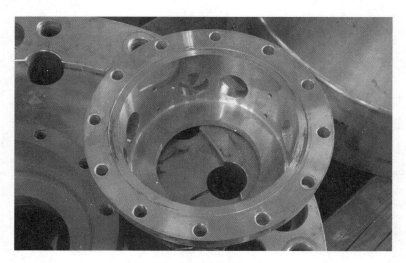

图 3 - 3 轴承滚珠受磨损图

图3-4 轴承滚珠受磨损图

据此可以判断：轴承外圈有转动的情况。轴承外圈转动时承受轴承力，并且方向向上。轴承滚动体磨损严重可能是因为润滑不良或轴向力过大。因为LNG润滑性能能满足润滑需要，所以判断磨损的最主要原因是增加叶轮后轴承承受的轴向力过大。对转子轴向力进行计算，发现当转子移动到最上端位置时(最小安装间隙0.05mm)，泵转子仍有较大残余不平衡力，此部分力全部由中间6320轴承承受。对于采用低温易汽化的LNG自润滑的轴承，单侧受力虽然没有达到轴承额定承载极限，但是会明显降低轴承的使用寿命，同时伴随振动、噪音的增加。

3. 处置

(1)全面核算轴向力，重新设计平衡鼓，以保证轴承正常工作时不承受来自转子的轴向力。

(2)直接在原有平衡鼓上进行改造，将平衡鼓反向受力面增大，以抵消多余的轴向力，或同时增大平衡鼓与平衡鼓室的径向间隙。

4. 启示

设备增加叶轮后需要根据实际工况重新核算轴向力，可考虑通过调整平衡鼓的形位尺寸和配合间隙来平衡掉多余的轴向力。

案例 31　高压泵氮气管线损坏

1. 经过

某年9月，高压外输泵上方管道弯头处保温恢复，施工人员将安全带系挂在上方的管托上，双脚分别站在泵筒上侧的保温盒子及就近的劳保用品上，使用自制的保温铁皮紧带机对外护层进行收紧作业。当用力收紧时紧带机突然出现锁紧装置崩断故障，导致施工人员身体失去平衡而后倾，跌倒在高压泵上方正在投运的仪表氮气密封保护管上，将丝扣连接的保护管砸变形，并出现氮气泄漏现象。随后氮气管线失压，联动高压泵氮气压力低低保护动作，联锁信号动作造成停机。

2. 分析

(1)开工前未对施工人员自制保温铁皮紧带机做仔细检查，未能及时发现工机具缺陷及安全隐患。

(2)施工人员对现场设备及工况不够了解，没有做好风险评估，风险意识淡薄。

(3)开工前未对作业人员做详细的风险分析及交底，施工过程中没有对每个重要作业点安排专人监护。

(4)施工人员操作不规范。

3. 启示

本次事件因人为造成，并导致设备停车影响了外输。为避免同类事件发生，应加强相应管理。

(1)针对重点作业部位进行危害识别、风险分析及详细的安全交底；加强应急处置程序教育培训。

(2)对现场所有工机具进行检查，不合格或存在隐患的工机具停止使用并更换。

(3)加强对现场作业的监护，尽量缩小作业范围，将施工作业控制在有效视线范围内。

(4)管理人员加强现场监督及巡视，发现问题及时制止，并要求立即整改。

(5)现场负责人或监护人员必须佩戴对讲机，保证现场作业人员的通信畅通。

案例32 高压泵放空气体分液罐液位调节阀故障

1. 经过

某年3月，高压泵放空气体分液罐液位无法调节，阀门动作正常，但液位无变化。

2. 分析

经流程检查，确认阀门内部堵塞，需拆卸清理。

3. 处置

将左右法兰拆开，拆下阀门清理，发现阀体内有杂物(图3-5)，清理后回装，该阀门工作正常。

图3-5 阀门现场清理情况

4. 启示

管道、设备在投用前需确保吹扫干净，若有脏物，则会引起阀门卡涩，甚至导致阀门损坏。

案例33 饱和蒸汽压低致高压外输泵等设备联锁停车

1. 经过

某年 X 月 X 日凌晨，工艺处理单元运行一台高压外输泵 B，瞬时外输量约 27Nm³/h；BOG 管网压力 20.83kPa，运行两台 BOG 压缩机，其中 BOG 压缩机 A 运行负荷 100%，BOG 压缩机 B 运行负荷 75%；BOG 外输正常运行，瞬时外输量 3100Nm³/h 左右；轻烃回收装置正常运行，外输负荷 280×10⁴Nm³/d。

6:25 启动高压外输泵 A，6:33 触发饱和蒸汽压差低低联锁，高压外输泵 A/B、BOG 压缩机 01A、BOG 压缩机 01B 发生联锁跳车，引起上游两台罐内泵跳车，BOG 外输中断，轻烃回收、槽车装车未受影响，气化外输降至 11Nm³/h，事件发生前气化外输下游官网压力为 7.22MPa，当正常恢复后其压力已降至 7.12MPa。

2. 处置

具体处置过程如下：

（1）稳定汽化器参数，确保轻烃单元及其他设备稳定运行。同时向上级单位汇报情况，并联系相关专业做好应急处置事项。

（2）联系气化外输及 BOG 外输下游单位，说明情况，以便做好应急处置措施。

（3）电气专业对高压外输泵、BOG 压缩机、罐内泵等设备复位。

查明确认报警联锁信息并确认现场无异常后，重新启动了两台罐内泵、两台高压外输泵，完成外输系统恢复。然后重新启动两台 BOG 压缩机并逐步恢复 BOG 再冷凝系统及 BOG 外输。

整个工艺处置过程中，经现场巡查未发现异常。

3. 分析

（1）直接原因：

近期外输量降低，夜间受下游管网压力限制，只能运行一台高压外输泵，BOG 再冷凝能力受限。在此事件之前，BOG 压缩机 02 停机检修，此时接收站靠两台 BOG 压缩机控制 BOG 管网压力相对困难，BOG 管网压力较高（23～24kPa）。

为配合次日接船，两台 BOG 压缩机同时运行，以提高 BOG 处理能力，降低 BOG 管网压力，避免接船期间火炬放空。BOG 压缩机运行负荷较高，再冷凝器气液质量比大，并且外输量偏低(一台高压泵流量)，高压外输泵入口饱和蒸汽压差约 0.17MPa。

根据外输计划，操作班组组织启动高压外输泵 B。为避免饱和蒸汽压差过低，内操人员启动高压外输泵前将贫液低压总管压力由 0.66MPa 调整至 0.7MPa，饱和蒸汽压差由 0.17MPa 升至 0.2MPa。启泵瞬间低压总管压力发生波动，因受外输量小的限制，再冷凝器压控阀开度较小，操作不灵敏，在开泵瞬间低压总管压力降低时，无法及时维稳低压总管压力，造成压力下降过快，由 0.7MPa 迅速降至 0.52MPa。从而导致再冷凝器底部饱和蒸汽压差在不到 15s 的时间内快速由 0.2MPa 降低至 0.1MPa(图 3 - 6)，触发低低联锁，引发高压外输泵、再冷凝器、BOG 压缩机跳车。

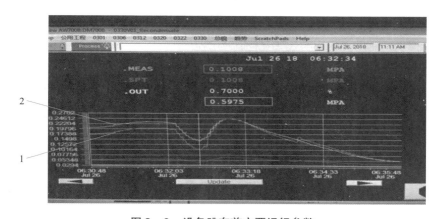

图 3 - 6 设备跳车前主要运行参数
注：线 1 为贫液低压总管饱和蒸汽压差；线 2 为贫液低压总管压力。

(2)间接原因：

①BOG 压缩机 02 维修导致 BOG 回收能力不足，BOG 总管压力一直处于高限运行状态，非常不利于卸船期间 BOG 管网控制。②BOG 产生量相比于往年同期增大，根据往年运行经验，夏季外输负荷低时两台进口压缩机可以将 BOG 管网压力维持在 20～21kPa。事件发生前两台 BOG 压缩机维持此压力存在困难，接船存在较大放空风险。

BOG 系统近期运行困难原因：①有一台 BOG 压缩机停机检修影响了回收能力。②外输量降低，高压泵运行数量少，备用泵保冷回储罐量增大，此部分 LNG 温度较高增加了 BOG 产生量，另外整体外输量降低导致罐存下降缓慢，气相缓冲能力降低。③近期 BOG 外输负荷由 5000Nm³/h 降至 3000Nm³/d，增大了再冷凝器 BOG 回收负荷。

4. 启示

(1)根据外输计划，以及目前天然气管网运行调峰模式，接收站夜间运行 1 台高压外输泵将成为常态。根据高压外输泵流量来控制 BOG 压缩机负荷，一台高压外输泵运行时，控制泵入口饱和蒸汽压差不低于 0.2MPa，启动第二台高压外输泵前，提前降低 BOG 压缩机负荷，将饱和蒸汽压差调整至 0.3MPa 以上，规避低压总管压力波动引起饱和蒸汽压差联锁风险。

（2）避免高压外输泵开回流状态运行。夏季气温高导致 BOG 产生量明显高于冬季，一旦高压外输泵开回流运行，高温高压 LNG 回流至 LNG 储罐，BOG 管网压力将迅速升高，造成再冷凝器回收负荷增加，夜间控制饱和蒸汽压差存在困难。

（3）确保 3 台 BOG 压缩机设备性能，保障 BOG 回收能力。在白天外输较大前提下，增大压缩机负荷尽快降低 BOG 管网压力至 20kPa 以下。建议夏季夜间外输量至少确保两台高压外输泵满负荷运行，保障 BOG 冷凝回收能力及 BOG 管网压力。

案例34　高压泵振动值过高

1. 经过

高压外输泵 D 泵振动值突然升高。设备在正常运行时，振动值突然直线上升至 5gpk，达到设备振动高报值。

2. 分析

根据现场及在线振动监测系统数据分析，振动值过高的主要原因是电机下轴承损坏。拆检时发现以下问题：

（1）电机下轴承压盖被轴承外圈磨损下沉 0.4mm，如图 3 –7 所示。

（2）拆检发现部分轴套存在偏磨现象，以第 7 级最严重，轴套 1/2 的黑色烧结层几乎磨尽，可隐约看到骨架颜色。

图 3 –7　轴承压盖磨损图

3. 处置

（1）更换电机上下轴承后，按技术要求组装。

（2）对磨损的轴套进行更换。

4. 启示

（1）多次拆解对泵损伤较大。适当条件下可考虑只更换电机轴承而不将泵体解体。

（2）统计每台设备运行周期，根据生产情况适时开展预防性检修。

案例 35 储罐珍珠岩导致高压外输泵入口过滤器前后压差大

1. 经过

在高压泵运行过程中，发现过滤器前后压差增大，因此对其进行拆检。与此同时，现场正在进行 LNG 储罐保冷材料在线填充修复作业。

2. 处置

（1）清理高压外输泵 B 泵。

清理入口过滤器情况具体如下：

2021 年 5 月 29 日，高压泵 B 入口过滤器压差增大至 20kPa，对高压泵 B 泵进行工艺隔离和吹扫置换。5 月 30 日，清理高压泵 B 泵入口过滤器，清理发现过滤器中有较多膨胀珍珠岩及少量灰色絮状物吸附在过滤器上（图 3 - 8）。清理完成后进行干燥置换，5 月 31 日夜间开始预冷。预冷结束启动测试正常。

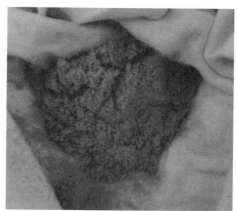

图 3 - 8 高压泵 B 泵过滤器清理情况

（2）清理高压外输泵 E 泵。

两次清理入口过滤器情况具体如下：

①高压泵 E 自投用后第一次进行过滤器清理工作，其入口过滤器长时期保持在 5kPa 左右，2019 年 10 月 4 ~ 12 日增长至最 12kPa，后下降保持在 8kPa 左右，具体趋势如图 3 - 9 所示。

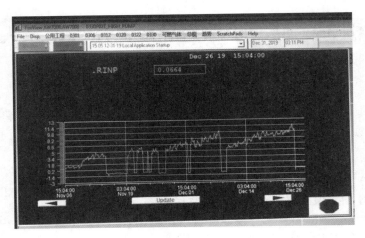

图 3 - 9　高压泵 E 泵过滤器压差趋势之一

11 月 1 日，决定对高压泵 E 泵进行工艺隔离和吹扫置换。停机前，过滤器压差约为 8.3kPa；11 月 3 日，吹扫置换合格后，清理高压泵 E 入口过滤器，清理过程中发现焊渣及灰色粉状杂质颗粒（图 3 - 10），未发现珍珠岩，清理完成后立即进行干燥置换；11 月 4 日，开始预冷高压泵 E；11 月 5 日预冷结束，11 月 6 日启动高压泵 E 进行测试。

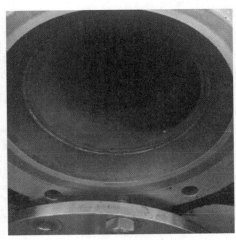

图 3 - 10　高压泵 E 泵过滤器清理情况之一

②2021 年 5 月 5 日，高压泵 E 入口过滤器压差一天之内从 2.9kPa 升高至 20kPa，上

升速度较快,具体趋势如图3-11所示。

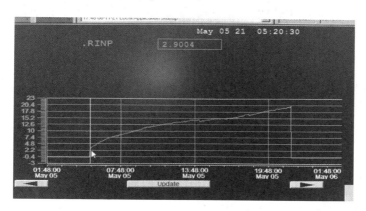

图3-11 高压泵E泵过滤器压差趋势之二

随即决定对高压泵E泵进行工艺隔离和吹扫置换,5月7日,吹扫置换合格后,清理高压泵E泵入口过滤器,经过拆检发现过滤器圆周有较多膨胀珍珠岩(图3-12),清理完成后立即进行干燥置换并开始预冷;5月8日预冷结束后启动高压泵E泵进行测试。

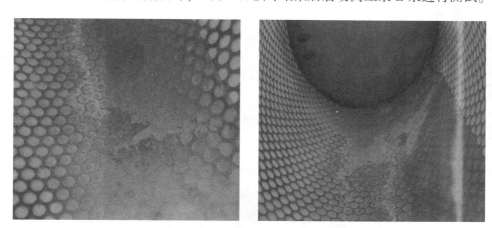

图3-12 高压泵E过滤器清理情况之二

(3)高压外输泵F泵。

两次清理入口过滤器情况具体如下:

①2019年10月8日启动后,高压泵F泵入口过滤器压差逐步增长至19.80kPa(10月26日),具体趋势如图3-13所示。

10月27日,对高压泵F泵进行隔离、置换排凝,停机前过滤器压差约为19.8kPa,并设置吹扫流程。10月28日清理高压泵F泵入口过滤器并回装预冷,清理杂物主要为灰色絮状物(图3-14),未发现珍珠岩。10月29日高压泵F泵预冷完成,10月30日启动测试。

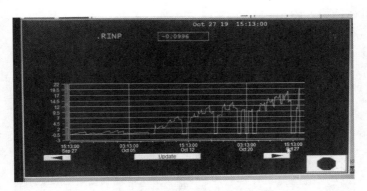

图 3-13　高压泵 F 泵过滤器压差趋势之一

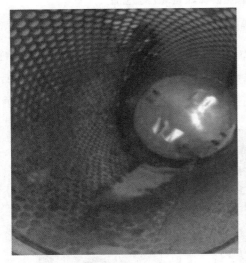

图 3-14　高压泵 F 泵过滤器清理情况之一

②2021 年 1 月 22 日高压泵 F 泵入口过滤器压差逐步增长至 20.4kPa，具体趋势如图 3-15 所示。

随即，决定对高压泵 F 泵进行工艺隔离，停机前过滤器压差约为 15.9kPa，对泵排凝并设置吹扫流程；1 月 23 日，清理高压泵 F 泵入口过滤器，清理杂物主要为膨胀珍珠岩和少量黑絮状物质（图 3-16），检查无异常后回装过滤器，设置预冷流程；1 月 25 日，高压泵 F 泵预冷完成并启动进行测试。

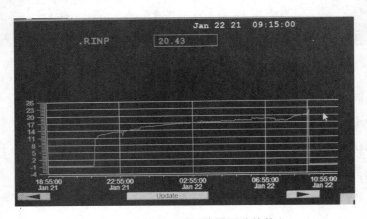

图 3-15　高压泵 F 泵过滤器压差趋势之二

 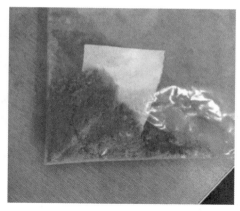

图3-16 高压泵F泵过滤器清理情况之二

（4）工艺区高压泵过滤器清理后效果。

经清理，高压泵过滤器压差发生较大改善，如表3-1所示。

表3-1 工艺区高压泵过滤器清理前后压差明细

机泵名称	清理前压差/kPa	清理后压差/kPa
高压外输泵B泵	20	1.02
高压外输泵E泵	8.3	0.93
	20	0.82
高压外输泵F泵	19.8	0.8
	20.4	0.12

3. 启示

在储罐补充珍珠岩前，高压泵极少出现堵塞情况。由于长期运行出现了堵塞，清出的杂质多为焊渣和絮状物质。在储罐补充珍珠岩之后，高压泵出现堵塞情况明显加剧，并且过滤器压差上升较快，清出的杂质多为珍珠岩。

（1）在建设时期管道置换吹扫时，应提高检查频次，严格执行，确保焊渣及施工残留杂质置换干净。

（2）选择合适的高压泵过滤器，确保管道残留杂后不会进入到泵内。

（3）储罐珍珠岩填充时，要控制好储罐BOG压力，放慢填充速度，降低填充压力，确保珍珠岩不进入储罐内。

案例36 高压泵检修后干燥置换方案优化

1. 问题背景

高压泵检修后需进行干燥置换，根据工艺设计通过泵入口管线OB－03注氮吹扫，经过出口及放空线倒淋阀放空至大气。但由于入口HV阀存在不同程度的内漏，置换气体内含有可燃气体，放空存在安全隐患。

冬季由于氮气温度低，泵筒底部可能出现温度低于0℃的情况，影响干燥置换效果。

2. 措施分享

(1)结合高压泵流程及管线布置，对干燥置换方案进行了优化。干燥时泵入口盲板先不拆除，通过液位计上引压管注氮，对泵筒及泵体进行干燥。当泵筒、泵体、出口干燥置换完毕后，拆除入口盲板，最后进行入口管线干燥置换，避免可燃气体持续放空至大气的风险。

(2)冬季氮气温度较低时，通过对氮气管线增加电伴热，或安装氮气电加热器，提升氮气温度，缩短置换时间，保证干燥效果。

案例 37　SCV 热电阻故障导致联锁停机

1. 经过

某年 2 月，SCV 出口温度显示超量程断路，联锁入口阀门关闭，进料停止。

2. 分析

现场检查温度元件及变送器，仪表显示超量程断路报警，进一步检查一次元件 PT100 热电阻，判断一次元件损坏，热电阻断路，如图 3 - 17 所示。

LNG PERMISSIVE		
BURNER OFF		
WATER BATH TEMPERATURE LOW LOW TSLL-8101	&	LNG NOT PERMISSIVE
WATER BATH TEMPFRATURE TRANSMITTER TIT-8101-OOL		
NATURAL GAS EXIT TEMPERATURE LOW LOW TSLL-8104		
NATURAL GAS EXIT TEMPERATURE TRANSMITTER TIT-8101-OOL		

图 3 - 17　PLC 联锁逻辑图

本次故障的直接原因是热电阻损坏，使 TIT8104 - OOL 条件成立，导致 PLC 中 LNG 许可信号联锁，LNG 许可信号进入 SIS 联锁入口阀门关闭，进料停止。

本次故障的根本原因是管线振动大，导致热电阻损坏。

3. 启示

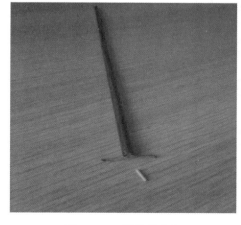 

图 3 - 18　铠装热电阻　　　　　　　　图 3 - 19　柔性热电阻

选择 SCV 出口热电阻时，需考虑 SCV 出口管线振动对温度监测仪表产生的影响。若管线振动无法消除，应考虑改变温度监测仪表的类型，避免仪表损坏。可定做柔性热电阻来替代铠装热电阻(图3-18)，其检测部分柔软耐震，可以有效缓解管道振动对检测原件造成的损坏。

为避免此类事件的发生，设备检修维护单位将所有 SCV 出口管道的热电阻均更换为柔性热电阻(图3-19)。

案例 38 SCV 碱罐电伴热短路

1. 经过

某年12月，在SCV装置更换pH计时闻到焦糊味，经查看发现SCV–D碱罐下侧PPR管线有明火，随即用灭火器将明火扑灭。判定着火原因是由附近裸露电伴热短路导致，立即拉开该回路总电源。

2. 分析

针对电伴热名牌参数及温控系统进行了排查及分析，确定故障原因如下：

（1）主要原因：碱罐注碱管线及排凝管线之间裸露的一小段电伴热带，与保温铁皮接触处绝缘老化，造成瞬间短路产生火花，引燃了附近的PPR排凝管，产生明火。相应管段电伴热也因短路电流过大，温度过热，绝缘层全部融化。

（2）间接原因：施工初期仅碱罐有伴热装置，分支管线无伴热装置，对应的温度检测点也安装在碱罐侧。后期对分支管线安装了电伴热，新增电伴热与原电伴热并入同一回路，并未新增温度监测点，导致本次分支管线温度过高时，无法传递至温度检测点，温控系统未及时断开。

3. 处置

（1）将该段管线伴热带整体更换，伴热带与铁皮接触位置及伴热带裸露位置绝缘防护，对温度监测点移位，将监测点移至温度敏感位置。

（2）拆除SCV碱罐的PPR排凝管，消除易燃隐患，确定新增排水管线材质并履行变更手续。

（3）合理整定伴热温度控制值，避免温度整定过高加快伴热带绝缘层板的老化。

4. 启示

（1）对全场电伴热全面排查，重点检查裸露、老化、交叉、叠层、温控器设置不合理、该事件同一批次的、投产后新增的以及压缩机、消防设施、污水处理、SCV等重点区域的电伴热。

（2）对全场电伴热建立档案，明确数量、位置、检查人、检查结果以及问题整改情况等内容。

（3）完善电伴热管理制度。电伴热管理要有制度、有档案、有检查记录、有定期检测。

案例39 SCV 风机出口调节阀门故障导致联锁停机

1. 经过

某年 8 月，SCV 进行开机测试，2h 后，PLC(可编程序控制器)显示 ESD 停车报警。

2. 分析

报警信息显示 FV8404 给定值与反馈值偏差大，造成停车报警，到现场后测试阀门(图 3 - 20)，发现小开度时阀门有卡顿现象，造成位置反馈与给定值有偏差。

图 3 - 20 FV8404 阀门

3. 启示

此次事件原因为阀门长时间不动作，空气潮湿导致阀板处生锈造成卡顿，现场手动开关阀门后正常。

防范措施：SCV 风机出口 FV 阀每月定期加油润滑，且开机测试前要再次动作阀门。

案例40   SCV 盘管穿孔泄漏

1. 经过

某年7月，在SCV停车检查期间，盘管顶层有气体泄漏声音，肉眼观察外观不明显。使用氮气升压至0.6MPa检查确认顶层第10根盘管有1个针尖大小穿孔。

2. 分析

（1）无损检测。

盘管泄漏点发现后，委托无损检测公司以盘管泄漏点为中心，对盘管上部3层、长度3m范围内，依次进行RT、PT检测，除漏点位置外，均检测结果合格。泄漏点PT检测的缺陷显示不直观，显像剂无法显示。

（2）氮气升压测试。

使用氮气升压至0.6MPa　测试检查有气泡冒出，其他部分无泄漏点出现，如图3-21所示。

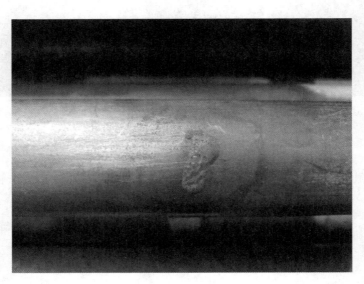

图3-21   管束升压测试

（3）水质化验。

站内5台SCV的用水来源相同，注水前需经水质化验合格方可使用。现场抽查SCV－C水样化验，结果正常。

（4）结论。

组织召开SCV－A盘管穿孔专家讨论会。专家组认为导致穿孔的原因为盘管出厂前制造缺陷，并提出了维修处理意见。

3. 处置

（1）方案及实施。

管束规格为31.75×2.11、材质304L，补焊前先检测壁厚，如果腐蚀孔周围小于1.5mm壁厚，不建议补焊，腐蚀孔越补越大，直接使用加强板焊接。如管壁减薄率在合格范围内，补焊前使用无水乙醇清洗待补焊周围，清洗干净后用角磨机，打磨深度约1mm左右的凹槽，使用电焊补焊。补焊期间做好成品防护，严禁电焊飞溅到管束上。补焊完成后使用PT检测应合格。补焊点外部用3cm×5cm相同材质不锈钢加强板沿四周覆盖焊接，焊接结束PT检测合格。

（2）管壁测厚情况。

检查测量管壁厚度，确认管壁厚度无减薄现象。

（3）焊接、检测。

管束打磨检查泄漏点无减薄现象。使用A002焊条电焊补焊完成后使用RT检测合格。外侧使用同材质不锈钢加强板沿补焊点四周覆盖焊接，焊接结束后PT检测合格。

（4）酸洗钝化。

盘管补焊完成使用酸洗钝化膏酸洗钝化至表面污垢完全清除，成均匀银白色，形成均匀致密的钝化膜为止，处理完成后使用清洁水清洗干净。

4. 启示

（1）编制年度检查计划，按计划停车检查。

（2）注水前水质必须经化验合格，运行期间定期对水质取样化验。

案例 41　SCV 风机联锁停机

1. 经过

某年 6 月，SCV 风机进行开机测试，振动最大值达到 6.8mm/s，大于联锁停机值 6.3mm/s，风机联锁停机。

2. 分析

某年 2 月该风机正常停机转为备用，历史记录振动值为 1.0 ~ 1.9mm/s，如图 3 – 22 所示。

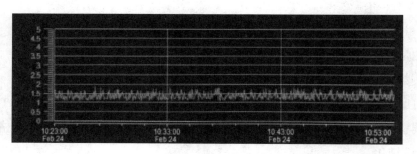

图 3 – 22　SCV 风机运行正常情况振动值趋势图

6 月底，对该风机进行开机测试，振动最大值达到 6.8mm/s，远大于报警值并达到联锁停机值，如图 3 – 23 所示。

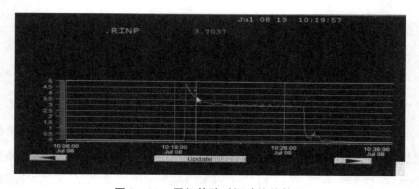

图 3 – 23　风机故障时振动值趋势图

7月初，对设备进行全面排查并使用便携式频谱仪对风机进行振动分析，测得风机1倍频振动较高，如图3-24所示。

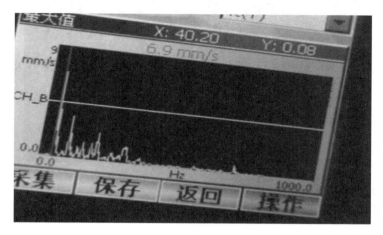

图3-24 便携式频谱仪测量结果

根据检测结果将风机转子拆除后进行了动平衡试验，动平衡试验过程中厂家技术人员全程跟踪指导(转子不平衡量由48.7g调整到578mg)，修复后满足设备出厂标准，并在厂家技术人员监督指导下完成了设备的回装。在随后的放空测试中，风机振动值为2.3~2.5mm/s，振动值在正常范围内但稍偏高。

在8月进行的联机测试中，振动值为2.0~3.0mm/s，较2月份停机前振动值偏大，需再进行原因排查及维修。随后对设备地脚螺栓紧固情况、轴承箱与轴承配合间隙情况进行检查均满足要求。使用激光对正仪对联轴器对中情况进行检查，偏差满足要求。下午再次试车，振动值为2.0~3.0mm/s，无明显变化，使用频谱分析仪器频谱正常。

根据技术要求风机振动值不大于4.0mm/s视为合格标准。但根据现场实际生产任务需求，要求将风险降到最低，决定更换风机轴承。因两次拆检时均未发现轴承损坏的迹象，若更换轴承后可能会使振动值稍微下降，但不能确保恢复到原始振动值1.0~1.9mm/s。在相关专家的技术指导下，进行动平衡试验发现联轴器侧有约60g的较大不平衡量。在反复试验后，将不平衡量从联轴器侧调整到叶轮侧，约0.476g。因联轴器本身较小，无法进行去除材料调整，因此选择加重方式调整，最终调整到3.79g，如图3-25所示。

8月下旬进行风机单机试车。在单机测试中，风机运行情况良好，运行15min，振动值为1.2~1.8mm/s，达到预期状态。

经过多次排查总结如下：

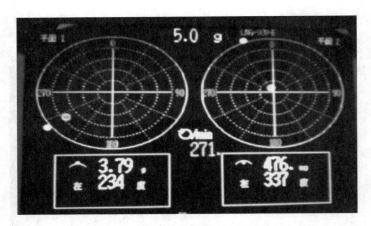

图 3-25　校正后转子动平衡结果

（1）此风机轴承检测未发现有异常，滚动体及滚道无损伤，轴承问题导致振动的可能性较小。

（2）拆检测量轴承与轴承座配合情况良好，轴承座与轴承箱压盖紧力符合规范要求。

（3）拆检测量轴弯曲情况，最大弯曲小于 0.02mm，符合要求。

（4）转子整体组装完毕后进行动平衡试验，发现转子存在较大的不平衡量，叶轮侧 24g，联轴器侧 60g，为查找原因，对转子进行了多种平衡试验，发现叶轮静平衡量符合要求，并与厂家进行沟通，得知厂家是按静平衡方式调整，未对联轴器侧进行调整。最终决定按两侧动平衡方式进行调整。调整后的动不平衡量为：叶轮侧 476mg，联轴器侧 3.79g。

综上所述，此次风机振动主要原因是转子动不平衡造成的。

3. 处置

将风机解体进行大修，更换滚动球轴承，检查及调整各装配间隙，重新校验转子动平衡。

4. 启示

（1）保证风机吸入口清洁及干燥。

（2）对转子表面进行防腐蚀处理。

（3）对转子表面抛光处理，防止表面附着灰尘造成转子动不平衡。

（4）定期对转子进行动平衡试验。

案例 42 SCV 燃料气引导火阀门内漏导致自检故障

1. 经过

某年 7 月，对 SCV 进行周期性测试运行，程序自动运行时发现无法通过自检，现场检查发现点火前泄漏检查未通过。

2. 分析

初步判断引导火阀门内漏，需下线检查。冬天燃料气管线内易出现带水结冰现象，一旦结冰则容易导致阀门软密封损坏。燃料气管线带水则是由阀后单向阀失效所致。

3. 处置

经下线检查发现阀门密封损坏(图 3 - 26)，更换后点火正常。

 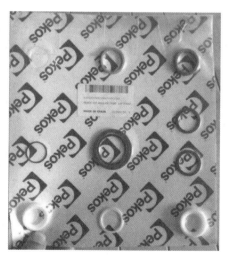

图 3 - 26 阀门内部及阀门密封件

4. 启示

(1)对管线进行改造。将 SCV 引导火和级间火之间的点火管线增加长约 3m 的保温，级间火点火管线近燃烧器侧增加球阀，在点火完成后，将球阀手动关闭，在下次点火前打开，可有效减少水汽聚集现象。改造完成前每次开机前和停机后检查燃料气管线，确保管线内无积水。

（2）提前上报易损件的备品备件计划，确保备件充足。

案例 43　ORV 联锁停车

1. 经过

某年 11 月，海水泵进行定期切换运行操作，发生联锁停车事件，具体过程如下：

14:55　外操抵达海水泵房；

14:57:50　海水泵 A 启动；

14:58:41　海水泵 A 出口液控蝶阀止回阀已开；

14:59:24　现场停止海水泵 C 泵；

14:59:56　海水泵 C 出口液动电磁阀关闭；

15:01:23　在停海水泵 A 电加热器时，误将海水泵 A 停止；随后发现操作错误，4s 后将海水泵 A 启动；

15:01:26　由于海水泵 A 突然停止，海水泵 E/F 海水倒流入海水泵 A 泵井，海水总管压力从 0.19MPa 降低至 0.06 ~ 0.08MPa；5s 后压力恢复；

15:01:31　ORV 海水流量低低联锁，中控室辅操台发出蜂鸣声，ORV - A/B 跳车，ORV - A/B 入口 LNG 切断阀关闭；

中控人员看到跳车报警信息后，立即查看海水泵画面；

15:03:01　海水泵 A 泵出口液控蝶阀关闭；

15:03:28　海水泵 A 泵跳车。

2. 分析

启动海水泵 A 后，未及时将其电加热器停止，而是在停止海水泵 C 后，又回到海水泵 A 处，准备停止电加热器，由于电加热器的操作柱和海水泵的加热器并列设置，距离非常近，操作人员未对操作按钮仔细确认，误将海水泵 A 的操作柱当作电加热器的操作柱，从而误停海水泵 A 泵。

3. 处置过程

ORV 停车后为防止高压泵出口压力过高，造成轻烃回收高压泵出口压力过高无法外送，立即将外输高压泵打回流，同时将4台ORV海水流量低低联锁旁路，紧急启动海水泵C。

轻烃装置产品LNG高压泵输出量降低，入口、出口压力持续上涨，轻烃内操迅速调整轻烃装置运行数据。

ORV – A/B停车后，汽化器留有SCV – C和ORV – D运行，部分高压泵打回流，外输量从95万Nm^3/h降至57万Nm^3/h。海水泵C 启动，ORV海水流量恢复正常，外输量恢复至96万Nm^3/h，气化外输未中断。

4. 启示

（1）严格按照操作规程进行设备切换操作，当备用设备启动稳定并确认流程及相关运行参数正常后再停止在运行设备。

（2）在重要设备操作过程中，至少安排两名操作人员在现场配合进行，一人操作，一人确认，防止误操作。

（3）操作人员在操作设备前要思路清晰，经仔细确认后，再执行操作任务，养成良好的操作习惯。

（4）操作人员必须随身携带《标准作业程序卡》，在操作过程中按步骤逐项进行。

（5）制定《接收站重要设备启停及切换要求》，并组织操作人员学习、落实。

（6）将电加热器改为自动运行，增加电加热器运行状态指示灯，启停泵后确认电加热器状态，减小误操作可能性。

案例 44   C2 换热器泄漏事件报告

1. 经过

某年 12 月，工艺外操在巡检过程中发现 C2 换热器支座附近有明显白雾冒出，随即上报怀疑 C2 换热器发生泄漏，经可燃气体检测仪测量后，发现甲烷含量超标，确认 C2 换热器封头附近发生泄漏。由于该换热器泄漏，且与另一台换热器无有效隔离措施，导致 12 月 2 日未进行 C2 装车，计划执行率为 0%。

2. 分析

（1）工艺区高压泵改装增加叶轮后，管道压力增高，设备运行不稳定，管网压力波动造成瞬间超压泄漏。

（2）换热器法兰螺栓紧固力矩计算与实际不符，法兰间隙调整不均匀。

（3）螺栓规格大，紧固力矩高。法兰螺栓为 M68，借鉴某年换热器抢修经验，常温状态下采用 12000N·m 力矩紧固，低温状态下采用 9000N·m 力矩紧固。

（4）未知风险大，一次性成功率低。由于 C2 换热器工作温度低、压力高，在投用升压过程中法兰可能发生二次泄漏，因此在投用时宜采取分级升压，保持压力缓慢、稳定升高，规避压力突升造成泄漏风险。

3. 工艺处置

12 月 1 日 21:50，工艺外操人员发现 E-02 换热器封头法兰泄漏。

12 月 1 日 22:05，工艺外操人员开始进行 E-02 换热器隔离、泄压工作，现场关闭上下游阀门并通过旁路泄压。泄压过程中发现压力下降缓慢，听到 LNG 流过泄压管线，并通过 BOG 管线温度计确认有 LNG 进入 BOG 管线，确认主管线隔离阀门有内漏，暂停泄压。

12 月 1 日 22:35，工艺外操人员现场关闭 C2 换热器回 ORV-D 及 SCV-A 管线切断阀，采取多道阀门隔离后，再通过旁路泄压，23:05 换热器泄压至与 BOG 管网压力相同。在泄压完成后、拆除保冷过程中，有大量白雾冒出，为确保人员安全，保冷拆除作业暂停。工艺运行部门组织做好现场警戒，确认隔离流程，加强 C2 换热器巡检，密切关注

BOG 总管压力及温度，防止大量 LNG 进入 BOG 总管。

12 月 2 日继续拆除保冷。上午 9:30，调度部门组织召开专题会，并联系下游用户，确认对方 C2 储罐现有库存及我方 C2 罐可装产品量，评估库存风险后向上级单位汇报有关情况。

12 月 2 日 10:00，在确认现场具备条件后，进行应急维修。首先拆除换热器椭圆封头以及管箱法兰、连接管段法兰螺栓。使用吊车及换热器抽芯设备依次拆除换热器壳体封头和 U 形管束抽芯，更换换热器垫片，调整管束安装间隙，完成管束回装。随后开展螺栓紧固作业，使用液压电动扳手进行螺栓紧固。螺栓紧固分三次进行：①螺栓预把紧，螺栓组呈环形分布的使用交叉、分步紧固方式，一般分三次紧固，第一次使用规定力矩的 30%，第二次为 60%，第三次 100%。螺栓重新使用前，确保螺纹润滑剂按润滑剂使用规范涂抹。紧固期间测量调整管箱和封头法兰间隙值保持一致。②用 60%（7000N·m）力矩对角交叉、分步紧固。③用 100%（11000N·m）力矩紧固。螺栓紧固确保按要求逐个紧固，每条螺栓紧固后做好标记；严禁出现漏紧、跳紧、重紧的现象；确保螺栓头部标记清晰、规整。

完成换热器螺栓紧固工作后，开始进行工艺线路排查；分段缓慢预冷、保持预冷及升压平稳。测试压力升至 8.2MPa 检测甲烷含量符合要求，进行保压观察。1h 后复测法兰连接处，甲烷含量符合要求。2h 后流程恢复完成，具备 C2 装车条件。

4. 启示

（1）在进入冬季生产期后，生产负荷大、现场设备运行多、外输压力高，对现场巡检提出了更高要求。现场巡检必须要认真、仔细，做到"望闻问切"，发现异常声音、现象等要仔细查看，排查原因，发现隐患及时汇报、处理。

（2）在事件处置过程中，发现远程无法关闭上游切断阀，影响了工艺隔离。此阀长时间未动作，无法关闭的问题未及时发现。今后对于长时间不动作的阀门，在有条件的情况下要定期进行开关动作，发现问题及时处理。

（3）通过安全阀旁路泄压时，需注意防止 LNG 通过泄压管线进入 BOG 总管，泄压过程操作人员要缓慢操作，仔细听有无 LNG 流过，同时中控做好 BOG 总管温度监控，避免 LNG 大量进入 BOG 总管，造成 BOG 管网压力升高。

（4）对生产检维修用到的专用工具应储备充足，避免因工具缺失影响检维修操作。

（5）关于 C2 装车换热器泄漏原因，初步怀疑与 LNG 高压总管压力频繁波动、C2 换热器充装或暂停充装期间 LNG 介质温度波动有关，但确切原因应进行进一步分析。2 台 C2 装车换热器在不装车期间，应同步维持高压保冷措施。关于 2 台 C2 换热器无法在流程上进行完全隔离问题，建议制定解决措施。

案例45 计量外输高压阀门发生内漏

1. 经过

某年9月计量外输设施3路流量计巡检人员发现有气体泄漏声响，现场排查发现声音来自流量计连接火炬排空线阀门，最终确认为流量计旁路的2in高压阀门阀杆填料泄漏。

2. 分析

阀门内漏的检查和处理应尽可能在阀门全关的状态下进行，阀门阀芯泄漏原因：

（1）阀杆的密封面填料超过使用期，已老化，丧失弹性。

（2）阀杆精度不高，有弯曲、腐蚀、磨损等缺陷。

（3）填料圈数不足，压盖未压紧。

（4）压盖、螺栓和其他部件损坏，使压盖无法压紧。

（5）操作不当，用力过猛等。

（6）阀杆的密封面上可能粘上杂质，开关操作过程中划伤填料环，造成密封损伤。

3. 处置

经过对压盖、螺栓紧固后测试发现，阀杆处继续泄漏，压盖、螺栓松动原因排除。进而解体检查发现阀门填料共有3道O形密封圈，密封圈因长时间使用，并且操作用力不当，下部密封圈挤压发生变形，密封不严导致泄漏。经过更换阀门备件，阀门恢复正常，如图3-27所示。

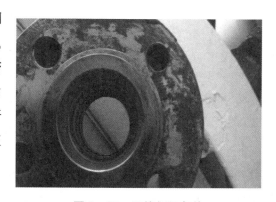

图3-27 更换阀门备件

4. 启示

（1）按计划定期检查阀门压盖、螺栓使用情况，检查有无松动，及时维修。

（2）阀门采用正确操作方式，不应用力过猛。

（3）阀杆的密封面填料定期更换，防止老化，丧失弹性。

（4）定期清理阀杆密封面上的杂质，以免开关操作过程中划伤填料环，造成密封损伤。

第四篇 ■■■
槽车充装系统

案例46 违规操作LNG装车臂导致LNG泄漏

1. 经过

某年6月，2#撬位LNG槽车停靠到位后，司押人员未经充装人员允许，私自拉动液相臂进行连臂操作，操作过程中误碰液相臂注氮阀手柄，出现较大氮气气流声，司押人员在关闭注氮阀门时又误打开液相臂手动隔离阀手柄约1/5开度，致使液相臂内LNG液体在氮气夹带下喷出，持续时间约为5s。撬位充装人员立即关闭LNG2#撬注氮阀和手动隔离阀，暂停撬位使用。并立即向中控汇报，启动应急处置程序。

2. 分析

（1）司押人员违规操作装车臂，且因操作动作大而碰触到注氮阀门开关，在关闭时开错手动隔离阀，导致LNG液体喷出是此次事件的直接原因。

（2）撬位充装人员和充装监督现场监护未尽职履责，未能及时发现和制止司押人员私自操作装车臂，是造成此次事件的另一原因。

（3）司押人员违反槽车充装操作管理制度。司押人员不得操作装车设施，且操作不谨慎，未及时联系充装人员，存在对装车臂的操作界面责任不清，对装车臂工艺不熟悉，应急处置能力不足情况。

（4）充装操作人员未能落实槽车充装操作标准化、规范化要求，在应急处置、安全操作培训、充装监护履责存在不足。

（5）槽车充装操作界面划分不够清晰，执行不够严格。同时反映出充装单位对司押人员培训考核不到位，培训考核工作是司乘人员了解槽车站，熟悉充装介质、设备及安全管理规定的第一道关口，应把牢把严。

3. 处置

（1）根据《槽车充装站司押人员处罚细则》中一级处罚第1.十一条款：永久取消该人员入场充装资格，收回其入场通行证，列入黑名单。对该槽车押运员未能及时制止司机的严重违规行为，警告一次，取消一个月充装资格。

（2）当事充装人员未能严格履行岗位责任，现场监护不力，未能及时制止司押违规操作，致泄漏发生，予以相应绩效考核。槽车充装单位立即组织整改，对相关责任人进行处罚教育。

（3）充装监督人员、当事班组未能严格履行监督职责，对于现场违章操作、监护不力等现象未能及时发现并制止。对当事班组、安全工程师等人员予以相应绩效考核。

（4）当事物流公司未能做好司押人员培训工作，要求其对事件案例进行学习，总结经验教训，规范操作，提高个人安全技能，杜绝越权操作行为。

（5）督促其他物流公司对新版操作管理规程等文件组织学习，吸取事件教训，加强司押人员培训考核工作。

4. 启示

（1）完善操作规程，开展规范操作专项培训考核，尤其针对槽车安检、充装作业环节，加大安全检查频率。

（2）加强充装人员的安全教育管理，提高充装人员的安全技能及安全意识，严格按规操作，注重应急操作技能培训。

（3）加大司押人员入厂安全教育培训力度，完善培训内容，提高培训效率。组织司押人员到现场熟悉场地、设备设施、逃生路线等整体状况。

（4）开展"明确划分充装操作界面"专项培训，增加入场培训内容考核，组织承包商、物流公司、司押人员开展考核学习，现场严格执行，严格监管。

（5）开展应急处置培训，组织应急演练，确保关键岗位在关键时刻能做出正确的应急处置。

案例47 LNG 装车系统通信故障

1. 经过

某年3月，装车过程中，TMS 系统突然显示所有装车撬通信故障。

2. 分析

装车批控器以通信方式接入室内串口服务器，所有装车撬通信故障应为室内设备出现问题，需检查串口服务器及装车服务器，如图4-1所示。

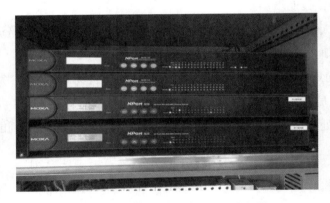

图4-1 LNG 装车系统的串口服务器

3. 处置

(1)检查机柜间内3台串口服务器供电、数据传输状态是否正常。

(2)检查装车服务器是否正常，有无报警。数据库软件是否运行正常。

(3)按下列步骤打开进程：

①检查软件 Service Manage。

②选择 File and Storage Service 进入 Service 查看 ZC1 状态。

③重新开启 Local service，使程序处于 Online 状态。

(4)重启装车 TMS 系统，恢复装车。

案件 48　LNG 槽车内存大量余液导致槽车超装及其安全阀起跳

1. 经过

某年 8 月，LNG 槽车进入 LNG19#撬位装车，预置充装量为 21.3t。批控器显示已装量达到 21.05t 时，槽车安全阀突然起跳，槽车压力表显示 0.7MPa。充装人员立即触发该撬位紧急停车按钮，停止装车，同时指挥司押人员打开槽车气相气动阀和手动阀进行返气，但阀门无法打开。经现场确认，在槽车安全阀起跳后，司押人员自行将槽车紧急切断阀关闭，导致槽车气动阀失气无法打开，无法返气。充装人员立即指挥司押人员复位紧急切断阀，导通返气流程及时返气，并将装车撬液相阀后安全阀旁路打开，同时打开排凝阀，将槽车压力卸至 0.15MPa。装车区按应急预案处置完成后，对现场进行工艺设施复查，可燃气体检测合格后，车辆离场，恢复正常装车状态。

2. 分析

（1）同年 7 月 29 日，该车在 LNG 接收站进行装车，皮重为 25.1t，净重 19.84t，充装 LNG 液体为贫液 LNG，密度约为 422kg/m³。8 月某日接收站装车时，该槽车内尚存约 2.3t 贫液，皮重为 27.4t。本站 LNG 充装液体为富液，密度为 468.92kg/m³。该车罐容为 52.6m³，2.3t 贫液的容积约为 5.5m³，21.3t 富液的容积约为 46m³，总容积约为 51.5m³。该车容器充装量应为 52.6m³ × 90% = 47.34m³，故贫富液混装实际超出允许充装容积 4.16m³，气相空间不足，且贫富液两种密度 LNG 掺混后，造成槽车内压力急剧上升，发生安全阀起跳事件。

（2）此次事件的主要原因是司押人员未报、瞒报车内存有大量余液所致。

（3）充装人员及司押人员在装车即将结束时，未发现槽罐压力呈异常增长趋势，未发现槽罐液位计示数已远超出液位线是造成此次槽车超装的次要原因。

（4）在事件处置过程，司押人员未经充装人员允许，擅自触发槽车紧急切断按钮，导致槽车气相紧急切断阀失气无法操作，且未能及时告知充装人员，导致此次事件处置延迟。

（5）充装系统老旧，无法通过系统判断车内是否存在余液情况，同时内操人员未有效核实充装前的车况，忽视了车辆皮重与正常值差别较大，未能及时修正预制量。

3. 启示

（1）物流公司应加大对司押人员的培训、管理力度，提高司押人员的操作能力及应急处置能力。

（2）充装单位应针对关键环节，加大检查频率，提高管理能力。增加车辆残液状态的检查内容，重点加强充装结束前槽车液位计、压力表的监控工作，防止超装等异常情形出现。

（3）充装人员加强监护力度，严格落实"两不离开"，即充装开始时，压力不稳定不离开，充装结束后，槽车不驶离装车岛不离开，同时重点关注槽车压力、液位计等关键参数。

（4）内操人员应提升业务素质和能力，掌握不同车型常用罐容对应的装车量及皮重，提高隐患辨识能力。

（5）落实充装界面划分，要求司押人员在应急处置的情况下，听从指挥，严禁私自操作。

案例 49　LNG 装车臂旋转接头故障

1. 经过

每条装车臂安装有 5 个旋转接头，以保证装车臂的接口能够在三维空间内自由活动。旋转接头在工作中，使用频率高，配件种类多，密封点集中，极易发生转动不灵活、卡涩、密封泄漏等故障。

2. 分析

(1) 氮气泄漏。当旋转接头内氮气密封失效时，润滑氮气将从旋转接头内泄漏出来，表现为有白色气体流出或喷出，泄漏气体中甲烷含量较小。同时，垂管处氮气润滑系统出口氮气排出量减少。

(2) 甲烷气体泄漏及 LNG 泄漏。甲烷气体泄漏、LNG 泄漏简称漏气、漏液。漏气和漏液的原因均为旋转接头内主、次密封失效。由于长时间处于超低温及常温循环交替的环境中，密封材料发生变形，密封弹簧张力减小，旋转接头运动造成的密封磨损等，这些原因都可能造成主密封及次密封失效，导致 LNG 从旋转接头通道内泄漏而出。当密封损坏较小时，表现为漏气，损坏较大时表现为漏液。

(3) 旋转接头滚珠轴承故障。故障表现为装车臂拖拽不顺滑、有卡涩现象，拖拽力明显上升。5 个旋转接头作为装车臂活动关节，分别承受不同部分的质量，同时充当装车臂自平衡的支点，承受额外作用力。在两种作用力下内壁滚珠与滚珠滑道摩擦，长时间运行后，卡涩滚珠及滑道均出现不同情况的磨损。磨损严重时拖拽装车臂能感到明显振动。由于滑道磨损，更换滚珠后，滚珠磨损速度加快，故障发生间隔明显缩短，当滑道磨损严重时更换滚珠已不能解决问题，只能更换整个旋转接头，增加运营成本。

3. 启示

通过分析装车臂的运行情况，对比旋转接头的结构形式，研究装车臂的故障处理优化方案。

(1) 旋转接头结构对比。通过结构对比可知进口及国产旋转接头有以下特点：进口旋转接头 (图 4-2) 的特点为结构形式简单，密封数量少，安装方便，内部轴承滑道安装有可拆卸滑轨。国产旋转接头(图4-3)的特点为密封结构形式复杂,密封数量多,氮气流通空间大,有利于降低提高旋转接头内轴承的工作温度,内部轴承无滑轨。

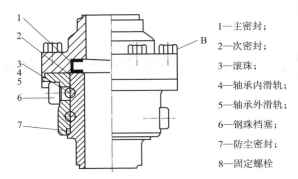

1—主密封;

2—次密封;

3—滚珠;

4—轴承内滑轨;

5—轴承外滑轨;

6—钢珠档塞;

7—防尘密封;

8—固定螺栓

图4-2 进口旋转接头结构示意图

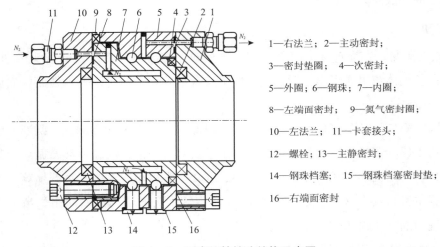

1—右法兰; 2—主动密封;

3—密封垫圈; 4—次密封;

5—外圈;6—钢珠;7—内圈;

8—左端面密封; 9—氮气密封圈;

10—左法兰; 11—卡套接头;

12—螺栓;13—主静密封;

14—钢珠档塞; 15—钢珠档塞密封垫;

16—右端面密封

图4-3 国产旋转接头结构示意图

(2)进口旋转接头在工作时只有3个密封点,国产旋转接头在工作时密封点达7个,对于活动频繁的部件来说密封点越多越容易出现泄漏。

(3)国产旋转接头内部氮气流通空间比进口旋转接头大,利于提高轴承内工作温度,不容易发生冰堵,减少了轴承滚珠因氮气润滑系统堵塞而增加的摩擦,提高了滚珠使用寿命。

(4)进口旋转接头内滚珠轴承滑道内衬有可拆卸滑轨,滚珠直接与滑轨接触,不直接与滑道接触,因而滑道不会出现损伤。滑轨磨损后,更换新的滑轨即可,无须更换旋转接头,较大提高了旋转接头的使用寿命。现场实际应用情况反映如下:

①国产旋转接头出现泄漏的概率高于进口旋转接头。

②国产旋转接头滚珠更换频率低于进口旋转接头。

③国产装车臂根部旋转接头滑道磨损严重，必须更换旋转接头的情况有 5 个，进口滑道无损伤。

（5）装车臂故障防范措施：优化旋转接头结构，减少密封点，尤其是尽可能减少活动部分的密封点，降低旋转接头泄漏概率；增大旋转接头内部氮气流通空间，提高旋转接头内轴承工作温度；旋转接头滚珠轴承内部滑道增加滑轨，避免因滑道损伤增加运营成本。

案例 50　LNG 装车臂拉断阀损坏防范措施

1. 问题背景

装车臂拉断阀是为了避免槽车充装作业过程中，装车臂发生应力断裂导致大量介质泄漏而设计的。拉断阀是装车臂最脆弱的构件，必须保证装车臂在受较大外力时，能从拉断阀位置断裂。同时拉断阀上下游设计隔离挡板，当拉断阀断开时，隔离挡板会密封住上下游管线，避免了介质大量泄漏。综上所述，拉断阀是整个装车臂最易断裂部件，尤其在受到非正常侧向应力，或质量不合格时，拉断阀损坏问题更为明显，因此合理的保养使用非常重要，需定期组织拉断阀、拉断螺栓状态检查，并储备充足拉断阀密封件及拉断螺栓备品备件，以备拉断阀故障后及时维修。

2. 防范措施

（1）严禁野蛮操作：谨防操作装车臂时用力过大、过猛。

（2）防止槽车碰撞：司押人员必须站在安全的位置，引导槽车进入装车岛。槽车充装区盲区较多，避免槽车在进入装车岛时与装车臂发生剐蹭或碰撞。

（3）防止极限拉伸：切勿将装有拉断阀的装车臂以极限长度与槽车连接，否则 LNG 进入装车臂后发生冷缩效应，拉断阀处受力越来越强，超过极限值后则会发生断裂。

（4）防止装车臂与其他部件接触：开始装车前，应检查并确认装车臂和其他装置没有接触，包括装车臂与其他阀门接触、装车臂与另一条装车臂接触、装车臂与槽车表面接触、装车臂与槽车防撞挡块接触等。否则在 LNG 进入装车臂后发生冷缩效应，接触位置受力可能会越来越强，导致拉断阀断裂。

（5）建立周期性检查机制：应每周对拉断阀拉断螺栓进行一次检查，对松动的拉断螺栓进行紧固(应使拉断阀均匀受力，不易太紧)。

案例 51   LNG 超装导致槽车安全阀起跳及介质泄漏

1. 经过

某年 7 月，12#LNG 撬装车过程中发生超装现象，导致槽车安全阀起跳，造成 LNG 泄漏。经检查发现，装车过程中出现超限报警，导致计量不准确，出现超装现象，且装车结束到达提前量批控器无减速指令发出，确认是 PLC 程序原因导致故障发生。

2. 分析

事件发生前，12#LNG 装车撬已有 3 个月未投入使用，超装槽车为当日第一辆充装槽车。

地衡称重发现该槽车超装 2t 以上。超装原因为质量流量计计量时出现气液混相问题，导致测量不准，出现较大偏差。

3. 处置

重新对该撬进行试装车，为确保不出现超装现象，预制量设置为正常值的一半(10t)，试装结果仍超装 2t，此时质量流量计显示介质温度为 - 135℃，相比其他撬位温度略高。同时发现装车初始过程中，质量流量计存在气相报警信号，但以上问题不足以导致充装量偏差巨大。对批控器检查时，发现装车过程中会不时出现流量超限报警，报警时 FV 阀(流量控制阀)开度将调节为最大值。此时检查质量流量计发现介质温度、密度测量正常，装车撬液相管线设计流量为 80m³/h，报警时流量已超过设计流量。将 FV 阀进行限位后，装车过程中无报警出现，装车量恢复正常。

发现问题后，重新下装批控器程序，设定到达预定装车量时，批控器控制 FV 阀执行自动充装减速程序。经过测试，12#LNG 装车撬运行恢复正常。

4. 启示

(1)槽车充装站投产初期，由于装车撬处于调试阶段，流量控制阀开度大小会影响槽车最终充装量。根据实际经验，以某国产品牌装车撬为例，装车过程中流量调节阀开度 60% 将会导致槽车超装 200kg 左右，调低至 55% 左右将有效解决该问题。

(2)槽车充装站投产初期，质量流量计调校不准也会影响槽车最终充装量。由于质量流量计出厂前，测试环境与实际充装环境较为不同，装车撬投用初期普遍存在超装200~300kg左右的情况。协调厂家到场服务，在装车液相管线满介质情况下，重新调校后，该问题得到有效解决，装车误差控制在40kg以内。

（3）贫富液流程切换作业后，由于装车密度的变换，导致最大充装量也发生相应变化。若按照富液密度进行充装量计算，则槽罐（以52.6m³为例）将超装1.998t，极易造成槽罐超装冒罐事件发生。现针对各类槽罐在不同密度下的最大充装量做出统计，要求全部入场槽车根据装车密度变换重新计算最大充装量，严格控制槽车预制量，可有效避免超装现象发生。

案例52 混合轻烃装车撬超装

1. 经过

混合轻烃装车撬自某年9月投入运行,陆续发生若干次超装问题。

2. 分析

经过分析超装车次的压力、温度及其对应的饱和蒸汽压,认为超装与混合轻烃介质在装车过程中形成气液两相,影响流量计准确测量有关。

图4-4~图4-6是超装车次的趋势图。蓝绿色(线1)为混合轻烃流量,粉红色(线2)为混合轻烃温度,白色(线3)为混合轻烃压力。

(1)15:58开始装车,16:32结束装车,超装959kg。通过趋势图分析可知,怀疑装车过程压力曾经低于该温度对应的饱和蒸汽压,混合轻烃饱和蒸汽压如表4-1所示。

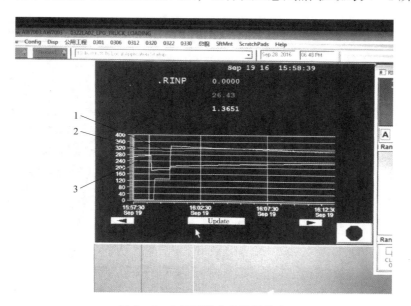

图4-4 1号撬装车前运行状态

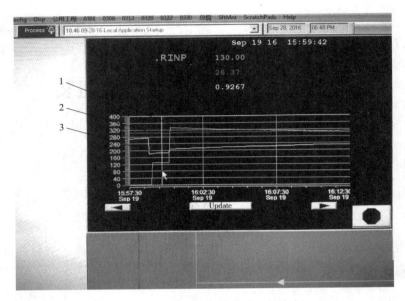

图4－5　1号撬开始装车时运行状态

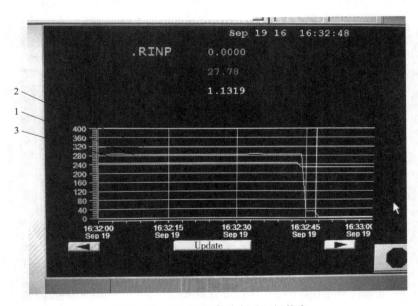

图4－6　1号撬结束装车时运行状态

表4-1 混合轻烃饱和蒸汽压表

温度/℃ 比例	6	7	8	9	10	11	12	13	14	15	16	17	18	19	20	21	22	23	24	25	26	27	28
混合丁烷	0.12	0.13	0.14	0.15	0.15	0.16	0.17	0.18	0.18	0.19	0.20	0.21	0.21	0.22	0.23	0.24	0.24	0.25	0.26	0.27	0.27	0.28	0.29
5:95	0.14	0.15	0.16	0.17	0.18	0.19	0.19	0.20	0.21	0.22	0.23	0.24	0.25	0.25	0.26	0.27	0.28	0.29	0.29	0.30	0.31	0.32	0.33
10:90	0.17	0.17	0.18	0.19	0.20	0.21	0.22	0.23	0.24	0.25	0.26	0.27	0.28	0.29	0.29	0.30	0.31	0.32	0.33	0.34	0.35	0.36	0.37
15:85	0.19	0.20	0.21	0.22	0.23	0.24	0.25	0.26	0.27	0.28	0.29	0.30	0.31	0.32	0.33	0.34	0.35	0.36	0.37	0.38	0.39	0.40	0.41
20:80	0.21	0.22	0.23	0.24	0.25	0.26	0.27	0.28	0.29	0.30	0.32	0.33	0.34	0.35	0.36	0.37	0.38	0.39	0.40	0.41	0.43	0.44	0.45
25:75	0.23	0.24	0.25	0.26	0.27	0.28	0.30	0.31	0.32	0.33	0.34	0.36	0.37	0.38	0.39	0.40	0.41	0.43	0.44	0.45	0.46	0.48	0.49
30:70	0.25	0.26	0.27	0.28	0.30	0.31	0.32	0.33	0.35	0.36	0.37	0.38	0.40	0.41	0.42	0.43	0.45	0.46	0.47	0.48	0.50	0.51	0.53
35:65	0.27	0.28	0.29	0.31	0.32	0.33	0.35	0.36	0.37	0.39	0.40	0.41	0.43	0.44	0.45	0.47	0.48	0.49	0.51	0.52	0.53	0.55	0.56
40:60	0.28	0.30	0.31	0.33	0.34	0.36	0.37	0.38	0.40	0.41	0.43	0.44	0.46	0.47	0.48	0.50	0.51	0.53	0.54	0.55	0.57	0.59	0.60
45:55	0.30	0.32	0.33	0.35	0.36	0.38	0.39	0.41	0.42	0.44	0.45	0.47	0.48	0.50	0.51	0.53	0.54	0.56	0.57	0.59	0.60	0.62	0.64
50:50	0.32	0.34	0.35	0.37	0.39	0.40	0.42	0.43	0.45	0.46	0.48	0.50	0.51	0.53	0.54	0.56	0.57	0.59	0.61	0.62	0.64	0.66	0.67
55:45	0.34	0.36	0.37	0.39	0.41	0.42	0.44	0.46	0.47	0.49	0.51	0.52	0.54	0.56	0.57	0.59	0.60	0.62	0.64	0.65	0.67	0.69	0.71
60:40	0.36	0.38	0.39	0.41	0.43	0.45	0.46	0.48	0.50	0.51	0.53	0.55	0.57	0.58	0.60	0.62	0.63	0.65	0.67	0.69	0.71	0.73	0.74
65:35	0.38	0.39	0.41	0.43	0.45	0.47	0.49	0.50	0.52	0.54	0.56	0.57	0.59	0.61	0.63	0.65	0.66	0.68	0.70	0.72	0.74	0.76	0.78
70:30	0.39	0.41	0.43	0.45	0.47	0.49	0.51	0.53	0.54	0.56	0.58	0.60	0.62	0.64	0.66	0.67	0.69	0.71	0.73	0.75	0.77	0.79	0.81
75:25	0.41	0.43	0.45	0.47	0.49	0.51	0.53	0.55	0.57	0.59	0.61	0.63	0.65	0.67	0.68	0.70	0.72	0.74	0.76	0.78	0.80	0.82	0.85
80:20	0.43	0.45	0.47	0.49	0.51	0.53	0.55	0.57	0.59	0.61	0.63	0.65	0.67	0.69	0.71	0.73	0.75	0.77	0.79	0.81	0.84	0.86	0.88
85:15	0.45	0.47	0.49	0.51	0.53	0.55	0.57	0.59	0.61	0.63	0.66	0.68	0.70	0.72	0.74	0.76	0.78	0.80	0.82	0.84	0.87	0.89	0.91
90:10	0.46	0.49	0.51	0.53	0.55	0.57	0.59	0.61	0.64	0.66	0.68	0.70	0.72	0.74	0.76	0.79	0.81	0.83	0.85	0.87	0.90	0.92	0.95
95:5	0.48	0.50	0.52	0.55	0.57	0.59	0.61	0.64	0.66	0.68	0.70	0.73	0.75	0.77	0.79	0.81	0.84	0.86	0.88	0.90	0.93	0.95	0.98
纯丙烷	0.50	0.52	0.54	0.57	0.59	0.61	0.63	0.66	0.68	0.70	0.73	0.75	0.77	0.80	0.82	0.84	0.86	0.89	0.91	0.93	0.96	0.98	1.01

(2)2号撬于19:41开始装车,21:38结束装车,装车前后运行状态如图4-7~图4-9所示。超装926kg,其原因为装车过程中压力曾经低于该温度对应的饱和蒸汽压。

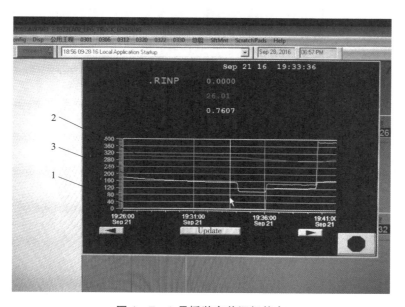

图4-7 2号撬装车前运行状态

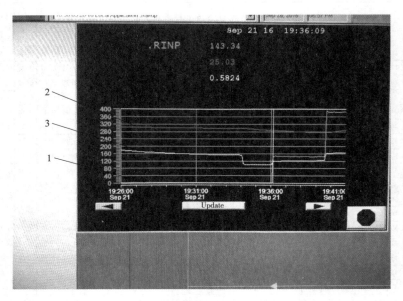

图 4-8　2号撬开始装车时运行状态

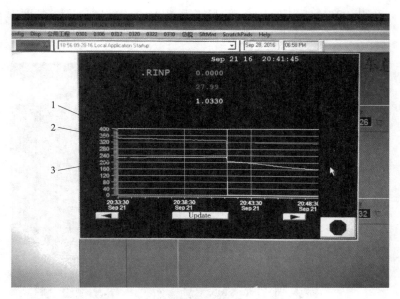

图 4-9　2号撬结束装车时运行状态

（3）3 号撬于 9 月 22 号 14∶49 开始装车，17∶01 结束装车，运行状态如图 4 – 10 ~图 4 – 13 所示。超装 671kg，其原因为装车过程中压力曾经低于该温度对应的低于饱和蒸汽压。

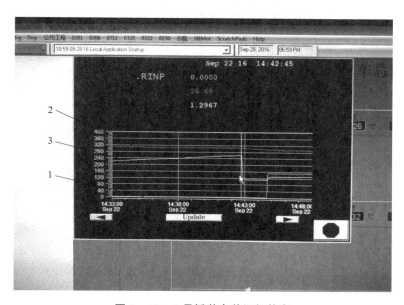

图 4 – 10　3 号撬装车前运行状态

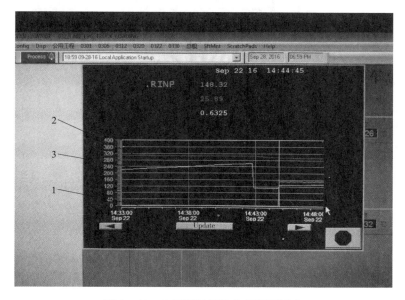

图 4 – 11　3 号撬开始装车时运行状态

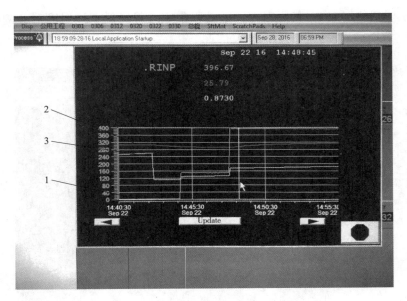

图4-12 3号撬装车过程运行状态

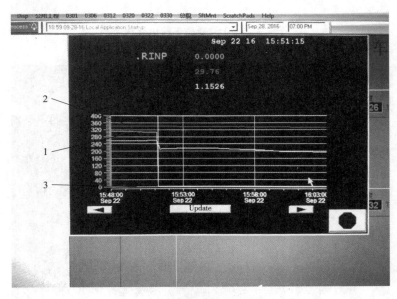

图4-13 3号撬装车结束运行状态

3. 处置

调整混合轻烃产品泵出口压力,将压力保在1.45MPa以上(即保证压力始终高于饱和蒸汽压),调整后没有出现超装现象。

案例 53　阀门内漏导致槽车充装区 BOG 管线串液

1. 经过

（1）某年 4 月，DCS 监控画面发现 BOG 管线出现温度异常降低现象，判断有极少量 LNG 进入 BOG 管网。当天组织多次排查，对安全阀及其旁路等气、液跨接重点部位进行了详细检查，未发现异常。同时，排查近期装车记录，查看是否因为装车过程中的异常情况（如异常返气、超装等）导致，但未发现异常。

（2）第二天异常状况仍存在。采取每台撬错时装车，每辆车开始装车时均与生产调度实时沟通进行排查，亦未发现明显单台撬有异常。当日晚间发现 2#撬液相切断阀前的注氮阀门处于打开状态。疑似 LNG 由该阀进入注氮管线，经气相线注氮阀进入气相返回线（图 4 – 14），随即将该阀关闭并对该撬位进行重点监控。

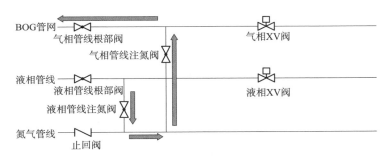

图 4 – 14　撬内管线流程示意图

（3）第三天制定排查方案和保护措施。当天未发生 BOG 管线异常状况，基本确认 2#撬液相线切断阀前的注氮阀异常打开，且气相线注氮阀内漏所致。

2. 分析

（1）故障的主要原因是液相注氮阀异常打开，且气相注氮阀内漏（设备存在较大缺陷）导致 LNG 液体进入 BOG 返回线。

（2）在槽车装车操作期间，槽车与系统连接后进行气相返气操作，将 BOG 管线积存的液体吹向 BOG 系统。

（3）调取 2#撬气相切断阀后温度测点曲线和 2#撬的充装记录表进行分析，2#撬于某日早11:20开始装车，气相切断阀后温度测点开始温降，但由于泄漏积攒量较少，未发现异常情况。次日上午2#撬9:22开始装车，9:23测温点温度急剧下降；9:28发现工艺区BOG管网测温点开始出现温降，最低降至−146℃，BOG压缩机入口排凝罐液位于10:10上涨至4.8%，与槽车情况能够对应。基本确认因液相注氮阀打开，导致串液。

（4）液相注氮阀一般情况下不做操作，只在该撬位隔离检修时吹扫置换使用，因此对该阀重视程度不够，忽略了对该阀的日常检查和重点排查。由于撬内注氮管线外部有保冷层，排查时未能发现结霜现象；且氮气管线上有逆止阀，液体不会串入，氮气管线上无异常结霜现象。此为排查过程中未及早发现的主要原因。

3. 启示

（1）对同类阀门进行彻查，对内漏阀门及时进行更换、维修。

（2）修订和完善有关管理规定和操作程序，明确对阀门操作和日常检查的管理要求，记录、检查相关DCS参数。

（3）完善现场阀门状态标识，针对锁开/关阀门增加铅封或上锁，加强业务培训，提高各级现场管理水平。

（4）研究确定增加BOG温度监控报警的可行性，具备条件尽快实施。

（5）推进新增摄像头安装工作，确保全场处于有效监控状态，便于及时发现问题和事件的调查追溯。

案例 54　C2 装车撬引压管接头泄漏

某年 11 月，槽车充装站 C2 装车撬上方装车管线引压管接头发生泄漏。

1. 经过

某年 11 月凌晨 2 时许，9#LNG 撬上方 C2 装车管线附近有少量白烟冒出，且浓度逐渐增大。夜班巡检发现槽车控制室视频监控显示装车棚西南侧有白烟，查看 FGS 系统无泄漏报警信号。经现场查看，发现 9# 撬上方 C2 装车管线附近有白烟。C2 装车管线压力为 1.38MPa，C2 液体从引压管连接处喷出形成白烟。由于引压管根部手阀位于棚顶附近（高 7m），暂时无法靠近和关闭阀门。随后使用防爆叉车及升降机关闭 C2 管线引压管根部手阀，C2 液体停止泄漏。经排查确认，C2 装车管线就地压力表引压管上整体两阀组与引压管连接处螺纹松动造成泄漏，如图 4 – 15 ~ 图 4 – 17 所示。紧固处理后，现场进行气体检测，确定不再泄漏。

图 4 – 15　引压管整体两阀组漏点特写

图 4 –16   泄漏监控画面

图 4 –17   应急处置画面

2. 影响

少量 C2 介质泄漏，未造成人员伤亡及环境污染。

3. 分析

（1）C2 装车撬装车管线引压管未按照设计要求施工，引压管连接处设计为整体两阀组连接而不是管箍连接。

（2）C2 装车撬装车管线引压管施工不规范，未按照规范要求每隔 1.5m 进行固定，水平引压管横向长达 8m 无固定措施，放置于 4 根工字钢上方（图 4 – 18），其他邻近撬位水平引压管长度 5m 左右，均无固定措施。

图 4 - 18 9#装车撬上方引压管整体走向图

（3）没有高空巡检通道，装车棚上方的大部分管线和阀门均无法进行巡检和检查，相关密封件、紧固连接件长期得不到检查。

（4）经分析，此次泄漏事件的根本原因为 9#装车撬装车管线引压管未按照设计施工，施工不规范；直接原因为引压管近期受到检修碰撞或扰动后，整体两阀组与引压管连接处螺纹松动，发生泄漏。

4. 启示

（1）定期组织对引压管或类似未固定管线及棚顶管线、阀门和仪表进行排查整改。

（2）加强日常巡检和夜间值班工作，日常巡检必须认真细致，检查到位；工艺区视频监控全覆盖，夜间值班监控视频画面和 DCS 系统参数，按时认真巡检，确保及时发现异常情况。

（3）加强对工艺管线及仪表的保护意识，对外部施工和检维修作业加强交底、监护和检查。施工或检维修作业后进行现场验收时，重点关注作业活动可能对生产系统造成的影响。

（4）定期组织开展检查，检查必须覆盖棚顶所有管线和区域。对无巡检通道的位置或区域，利用升降车进行检查，并做好检查记录。

（5）可燃气泄漏检测存在盲区，无法有效探测泄漏和及时报警，可考虑采购便携式低温探测器定期检测。

（6）补充完善槽车充装棚棚顶管线泄漏应急处置方案，并组织开展应急演练，提升应急处置能力。

（7）加强对工艺及仪表设施的保护意识，对外部施工和检维修作业加强交底、监护和检查。作业现场验收时，要重点关注、检查作业区域内生产设施的完好性。

案例55 装车臂阀门易发故障处置

1. 经过

装车臂是 LNG 槽车充装外输的关键设备，使用频率高。由于阀门长时间处于超低温及常温交替的环境中，因此阀门出现故障频率高，容易产生泄漏、磨损、卡涩等问题。装车臂出现故障检修时影响相邻装车撬装车，影响整体装车效率。

2. 分析

每条装车臂安装有 3 个球阀，用于控制主管道通断和装车臂吹扫及排凝。一般故障表现为阀门开关力矩增大，阀盖泄漏、阀门内漏等情况。由于装车臂手动隔离阀通常为焊接阀门，需在线检修，检修时间长。阀门泄漏后，通常该装车撬一天以上不能装车。损坏严重无法修复时，只能切割更换阀门，严重影响装车效率。

（1）阀门开关力矩增大。

①装车臂所用球阀为浮动球球阀。浮动球球阀关闭时，阀门上游存在压力，压迫阀球紧贴下游侧密封，增大了阀门开启时的力矩。若装车完成后，装车撬紧急切断阀与装车臂手动隔离阀之间管道内的 LNG 未排凝干净，随着温度上升，管道内部压力升高，手动隔离阀阀球所受到的压力将增大，阀球与密封摩擦力增大，阀门开启力矩将增大。

②球阀阀球长时间频繁开关，阀球磨损，增大阀门开关力矩。

（2）阀盖泄漏。槽车充装频繁，每台装车撬每天装车 20 车以上，每天手动隔离阀阀门开关次数 20 次以上，注氮放空阀开关百次以上，阀门长时间工作在超低温及常温循环交替的工况下，且开关频次异常高，阀门填料易损坏，阀盖处易产生泄漏。

（3）阀门内漏。由于固定球球阀阀球与密封接触紧密，快关阀门容易磨损阀球及密封，造成阀门密封失效，产生内漏。新管道投用时管道内部杂质较多容易磨损阀球及密封，也会产生阀门内漏。

3. 处置

（1）将装车臂浮动球阀改为固定球阀。固定球球阀阀座主要受到来自弹簧的推力，受到来自流体的压力影响较小，而浮动球阀阀座既受到阀球本身重力压迫，又受到来自上游流体的压力。浮动球阀阀座受到的压力远大于固定球阀阀座受到的压力。在高频次的开关中，浮动球阀的阀球与阀座密封磨损将大于固定球阀，寿命也将小于固定球阀。

在阀门开启及关闭时，固定球阀的阀球在流体方向上几乎不移动，阀座与阀球一直处于贴合状态。浮动球阀的阀球则在阀门关闭时向出口方向移动，与阀座接触，加上水锤的作用，球阀对阀座的冲击力很大，影响阀球与阀座的使用寿命。

（2）随着温度的降低，一般的密封垫片由于低温变形、材料脆化等原因降低密封性能，石墨填料或密封环在低温下弹性降低，密封效果会打折扣，且在阀门内部易产生石墨粉尘。若阀座动密封使用唇形密封圈，将大大增强阀门密封性可靠性。

（3）在阀门安装前应做好管道清洁工作，确保安装前管道和阀体内没有灰尘、沙粒、焊渣及水汽，否则阀门长时间不开关动作，会导致阀门生锈影响使用。

4. 启示

（1）管道试压时尽量采用气压试验。若采用水压试验，试压后一定要将阀体内的水和杂质清除干净，并对阀门进行充分的干燥和维护。

（2）在调试预冷时应保证预冷速率均衡，避免因温降过快对阀门造成损坏。

案例 56　装车臂氮气系统易发故障处置

1. 经过

装车臂配有氮气润滑系统，氮气通过软管输送进入旋转接头氮气入口，进入旋转接头轴承内，为旋转接头提供氮气润滑，保持旋转接头轴承内干燥，防止结冰，同时带走旋转接头内微漏的甲烷，从装车臂垂管处排出。

故障表现为旋转接头内润滑氮气从旋转接头内泄漏出来，即有白色气体流出或喷出，后续旋转接头结冰严重，装车臂动作不顺畅，卡涩，垂管处润滑系统出口氮气排出量明显减少或无氮气流出，原因为旋转接头被杂质堵塞或冰堵。

因氮气润滑系统串联工作，若一处发生氮气润滑系统堵塞，阻断了氮气流通，所有旋转接头工作时温度都将大大降低，轴承内部容易结冰，增加轴承磨损，严重时将损坏滑道，带来不可修复的严重后果。同时密封件在更低温度下工作，会缩短使用寿命。

2. 分析

（1）杂质堵塞。旋转接头轴承内空间狭窄，若氮气输送系统不清洁，含有焊渣、铁锈等杂质，杂质将堆积在轴承内部和氮气出入口，造成装车臂氮气润滑系统堵塞。

（2）冰堵。旋转接头工作温度较低，通常高于所供氮气系统露点温度，并不会发生内部结冰。若制氮系统故障，供气露点高于旋转接头氮气通道及轴承内温度时，轴承内部和氮气通道易结冰，严重时将堵塞通道，造成装车臂氮气润滑系统堵塞。

3. 启示

将氮气润滑系统改为并联工作，使各个旋转接头的氮气供应相互独立、互不影响，避免连锁反应，使氮气润滑系统更加稳定。

（1）据此思路设计新式氮气系统，如图 4 – 19、图 4 – 20 所示。入口增加氮气分配器及 4 路氮气软管。氮气分配器将氮气分为五路，分别通过管道输送至 5 个旋转接头，从装车臂最终出口排出。

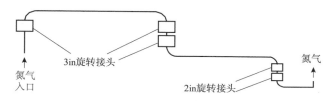

图4-19 旧式氮气润滑系统

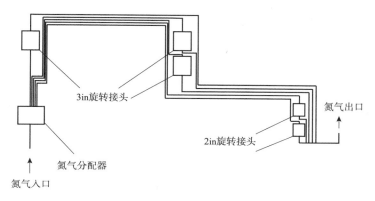

图4-20 新式氮气系统

（2）加强制氮系统管理。为保证氮气品质，需加强制氮系统的管理，严格控制氮气露点，保证氮气清洁无杂质。

（3）制氮系统定期维护检查。

①检查制氮系统分子筛，是否出现粉化、变质等问题。微热再生干燥装置分子筛不合格，产生的氮气露点会升高。

②检查制氮系统露点仪，保证露点仪完好、无故障，实时监测氮气露点值。

③检查制氮系统过滤器，过滤器能够去除大部分氮气中携带的杂质，保证氮气清洁。

④定期检查压缩空气输送管道。空气经压缩机压缩后，被输送至制氮系统。空气被压缩时会有凝结水产生，凝结水排出不及时，积存在压缩空气输送管道内，易发生管道锈蚀。铁锈将进入氮气输送系统，影响氮气气质，损坏装车臂。

案例 57 UPS 故障致装车撬非正常停运

1. 经过

某年 3 月对槽车区 UPS(不间断电源)进行蓄电池活化试验及卫生清扫工作,并将 UPS 切换至手动维修旁路,16:47 在操作 UPS 由手动维修旁路至正常运行方式时,5 台进口装车撬同时停运。

2. 分析

分析确定 UPS 清扫、试验工作结束,操作至正常运行方式时,操作步骤正确,不会造成电压波动。造成装车服务器电压波动导致通信中断的原因主要有以下两方面:

(1)UPS 出厂时直流输出限流设置值为 22%,负荷大,限流设置值偏高导致恢复供电时输出电压略有波动。应当根据现场实际工况对直流输出限流设置值进行调整,降低由旁路恢复正常运行方式时瞬间对电池进行充电分流的风险。

(2)装车服务器对电压质量要求高,而 UPS 旁路运行状态时未经过整流、逆变,故输出的电能质量较差,有可能造成装车服务器电压波动。

3. 启示

(1)故障处理:将全厂所有 UPS 直流输出限流设置值进行检查并重新设置,将直流输出限流值(A)设置为 0.1×蓄电池组容量。

(2)防范措施:加强巡检力度,重点监控 UPS 及装车系统服务器运行状况,确保设备安全、稳定运行。槽车充装期间,应尽量避免同时进行区域内的电气类检修作业,降低可能发生系统故障影响。检修作业后,加强对充装工艺系统运行监控,及时处置,确认恢复正常工作状态。

案例58　槽车区域可燃气体探测器通道故障

1. 经过

某年7月，槽车区域对射式可燃气体探测器0322GT1202经常发生通道故障报警且无法确认消除。

2. 分析

槽车区域对射式可燃气体探测器常发生通道故障报警且无法确认消除。经过仪表维护人员现场查看，确认该通道故障报警是由于混合轻烃槽车遮挡产生的。如图4－21所示。

图4－21　对射式可燃气探测器安装位置图

由于混合轻烃槽车每次装车时都会遮挡对射式可燃气体探测器，产生通道故障报警，因此解决这一问题必须更改可燃气探测器的安装位置。

3. 启示

此类问题的故障处理及防范措施为：更改可燃气探测器的安装位置。

案例 59　海关监控中心槽车数据查询系统异常

1. 经过

某年 6 月，海关监控中心进行槽车数据查询时发现，查询结果与上报数据不一致。

2. 分析

经过将海关监控中心、TMS 系统服务器数据比对和 TMS 系统软件构架和数据通信方式等多方面的分析，发现导致海关监控中心槽车装车数据查询系统的查询结果存在数据丢失、与槽车充装站提供数据比对存在差异问题的主要原因是槽车充装站 TMS 系统设置的主服务器和备服务器数据库数据不同步。详细说明如下：

海关监控中心是利用程序通过网络直接访问备服务器上的数据，因此监控中心查询结果就是 TMS 系统备服务器数据库内的数据。经过将海关监控中心、TMS 系统主服务器和 TMS 系统备服务器导出的装车数据进行对比发现，海关监控中心数据与 TMS 系统备服务器数据库内数据完全一致，而与 TMS 系统主服务器数据库数据存在差异；导致该差异的原因是 TMS 系统备服务器处于非正常工作状态时（死机、计算机重启等原因），在 TMS 系统主服务器上做了数据操作，导致主备服务器数据库内的数据不一致。

3. 启示

（1）故障处理：同步 TMS 系统主服务器和备服务器数据库数据。

（2）防范措施：主、备任何一台服务器死机或重启时，停止操作，待两台服务器正常后继续装车操作。

案例 60 LNG 槽车厂外交通事件

1. 经过

某年 7 月 15 日，X 公司承运方车辆 A 在青岛 LNG 槽车充装站完成 LNG 装车后于 19：12 离厂，车辆于 22：00 左右驶出港区恒阳停车场大门，行驶至 204 国道，在距停车场 300m 左右靠右减速时，被一大车追尾。

发生追尾事件后，A 车司机随即拨打报警电话，交警、消防车在 20min 后到达事件现场，交警上报应急中心及当地政府。16 日凌晨 2：26 接到港区调度电话，港调通报 LNG 槽车发生交通事件，请求安排相关人员赶赴现场提供技术支持。按照公司应急报告程序，现场人员需携带可燃气体检测仪、防爆照明手电等工具赶赴现场。经初步勘查确认事故槽车后方左侧受损，其增压气动阀发生显著形变、连接罐体的钣金等小部件受损。便携式甲烷检测仪检测未发现可燃介质泄漏。将 LNG 特性及该车的充装情况向现场政府应急指挥人员进行了交底。凌晨 5：30，应急中心、交警指挥将事件槽车转移至交警队停车场单独区域。

7 月 16 日，采用汽化器增压 + 软管方式进行槽车倒液，于 12：50 至 15：30 完成。后续事件处理按照交通事件程序进行。

2. 分析

（1）事件发生后，应急响应程序清晰、信息传达及时，能够积极配合政府到达事件现场提供相关技术支持。

（2）缺乏 LNG 槽车事件处理经验，对场外交通事件处置的原则、技术要点存在认知欠缺。

（3）LNG 槽车在厂外发生意外交通事件，可能造成较为严重的事件损失和社会影响；相关单位均有义务积极参与事件处理，并承担相应责任。对于此类事件需建立有效的三方联动应急机制，尤其是作为直接责任方的物流运输单位，其车辆和人员体量大，活动区域点多线长，驾押人员应急处置能力和水平存在不可控因素等，需要各物流运输单位健全应急处置体系。

3. 处置过程

（1）组织三方专题会，提出该类事件的应急信息传递和应急处置原则等建议。

（2）针对 LNG 槽车可能发生的事件类型进行了梳理，分站内和站外两种情况编制完善各类事件下的应急处置措施，做好宣贯和培训。

（3）各单位从不同角度出发，加强驾押人员的应急程序及 LNG 物流特性培训，提升其应急处置能力，在事件发生后能够采取有效的紧急处理措施，确保事件在第一时间内得到妥善处置，避免事件扩大化。

（4）鉴于槽车厂外事件性质及相关单位实际情况，应尽快建立切实有效的三方应急响应机制，明确应急信息传达程序、专项联系人及事件处置相关参与方责任，确保槽车场外事件发生后相关单位能够快速响应到位。建议事件处置以物流公司为主，销售公司负责承担三方联络协调职责，充装单位负责提供职责范围内的技术支持，按需到达现场。加强自身物流单位及委托承运单位的管理，完善槽车厂外事件应急预案，并在地方应急管理部门、公安部门和道路交通部门备案。

案例 61　装车撬流量计损坏导致槽车超装安全阀起跳

1. 经过

某年某月 27 日 8:30，槽车充装班组人员联系仪表人员对某装车撬流量计进行校验检查(26 日发现该装车撬每车实际充装量比预制量少装 500~600kg。该撬当日充装 3 车，称重后均有不同程度的量差，随即暂停使用该撬)。仪表专业人员采用流量计与实际装车量对比方法，先装两车进行对比，发现实际充装量比预装量少 380kg 和 280kg，仪表人员决定调小 FV 阀开度后，再进行对比，第三车流量调至 8.5kg/s，实际充装量比预装量少 200kg。仪表维修人员继续调小流量至 6.8kg/s 时进行第 4 辆车的测试工作，14:40 左右充装即将结束时(预置量 21.70t，批控器显示 21.60t 时)，槽车安全阀突然起跳，雾状 LNG 气体喷出，可燃气报警仪报警。槽车充装人员立刻疏散附近人员，此时由于槽车安全阀放空口正对批控器，无法通过批控器急停，通过关闭液相臂手动隔离阀切断进料，及时返气，打开排凝阀，导通气液相跨线。当班班长接到报告立刻赶往现场，指令中控现场暂停进车，撬位暂停充装。到达现场后指示充装人员对该槽车进行泄压，对超装车辆进行卸液至 48520kg(槽车核载重量 48940kg)后出厂，其他撬位恢复正常充装。

2. 分析

(1)槽车安全阀起跳的主要原因是该撬位流量计不准确(后经仪表多次检查后，对流量计离线返厂处理，确认该流量计震荡元件损坏无法使用)，超装导致槽车安全阀起跳。

(2)在对流量计检查确认的过程中，前后共历经 20 多天，仪表专业人员采用的方法是半车充装 – 称重 – 再充装的方法对流量计进行测试，由于流量计不能有效计量，极易造成车辆超装。

(3)槽车安全阀起跳的间接原因是第 4 辆车的车辆液位计指示不准确，充装人员及司押人员未及时发现，且未对槽车压力进行有效监护。

(4)槽车安全阀放空口正对批控器，无法通过批控器急停，只能通过关闭液相臂手动隔离阀切断进料，由于操作需要一定时间，延长了喷液时间。

(5)此次质量流量计维修多采用测试方式，并未真正找出问题所在，在自身维修陷入瓶颈时，应尽快要求厂家介入，提高维修效率。

3. 处置过程及防范措施

（1）第 4 辆车的车辆液位计维修后提供维修证明。

（2）物流公司应加强对自身人员及车辆的管理，特别是压力表、液位计等安全附件，严禁"带病槽车"入场。

（3）仪表人员作业应有较详细的检维修方案，对设备可能出现的问题有充分的考虑，测试充装应谨慎，必要时采取下线检查。同时应加强现场质量流量计的检查、维护工作。

（4）进一步加强班组应急预案的演练和学习，重点加强事件状态下正确的工艺处置，能在第一时间进行正确处置，控制事态的发展。

（5）槽车充装人员监护好自己所管辖的车辆、人员、橇位。尤其需加强充装临近结束时相关状态参数的监护工作。

第五篇 ■■■
LNG轻烃回收系统

案例62　手动输入错误导致轻烃回收装置机泵联锁停车

1. 经过

轻烃回收装置闪蒸罐压力由压力控制器PIC2001实现自动控制，正常情况下PIC2001设定值为1.71MPa左右，罐安全阀起跳值为2.0MPa。X月X日，00:31:30左右，轻烃回收装置室内操作员在手动调节闪蒸罐压力时，压力PIC2001设定值手动输入错误，压力应输入1.72MPa实际却输入2.72MPa，造成控制闪蒸罐压力的闪蒸汽凝液泵出口压力控制阀PV2001迅速关闭，闪蒸罐压力快速上升并超过安全阀起跳值、闪蒸罐压力安全阀PSV立即起跳放火炬，29s后闪蒸汽凝液泵、脱甲烷塔进料泵先后因出口压力高连锁停车，轻烃回收装置系统大幅波动。

2. 处置

问题发生后值班人员立即组织恢复开车，稳定脱乙烷系统操作，准备脱甲烷系统恢复开车流程，调整轻烃高压泵运行，确保脱甲烷塔不超压；启动脱甲烷塔进料泵、闪蒸汽凝液泵，调整系统参数，2:30左右系统流程恢复正常。

3. 分析

技术人员对该次装置波动进行分析发现，联锁停车的主要原因是室内当班操作员调节闪蒸罐压力控制器PIC2001设定值时，手动输入错误造成自控阀门PV2001迅速关闭，闪蒸罐压力快速上升直至超压安全阀起跳，并很快造成脱甲烷塔进料泵、闪蒸汽凝液泵相继因出口压力高连锁停车事故。图5-1中蓝色线（线1）代表闪蒸罐压力控制阀PV2001的开度，可见00:31:30手动输入错误的压力设定值后，该阀门立即关闭，导致事故发生。

4. 启示

（1）进一步规范DCS操作，要求非特殊紧急DCS操作中避免直接输入工艺参数进行调整，尽可能采用微调键和快速调整键进行调整；确需手动输入调整参数时，应有其他操作员确认。

（2）提醒夜班DCS操作员提高思想集中度，参数调整时务必准确，严防误操作。

（3）夜间装置生产以稳定为主，非生产必要不建议进行重要参数调整。

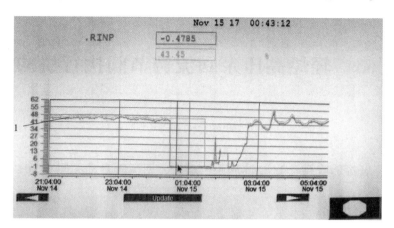

图5-1 阀门PV-2001阀门开度情况（线1）

案例63　轻烃高压泵回流调节阀执行机构故障

1. 经过

某年 X 月，轻烃回收系统 LNG 高压泵启动后，回流阀自动关闭至20%多，室内控制回路失控。

2. 分析

通过技术咨询和数据计算，确认阀门执行机构输出力太小，且阀门为流闭型，从而导致泵启动后阀门关闭。

3. 处置

将薄膜执行机构改为气缸执行机构，增加输出力，消除泵启动后阀门自动关闭的故障，保证控制回路的正常投用。优化执行机构选型，更换执行机构，由薄膜型(图 5 - 2)更换为气缸型(图 5 - 3)。

图 5 - 2　薄膜型执行机构

图 5 - 3　气缸型执行机构

案例64 轻烃乙烷球罐雷达液位计故障

1. 经过

X月X日，新增加的两台轻烃球罐投入使用，进料时发现雷达液位计指示失真，不能正确测量液位。

2. 分析

经过对雷达液位计指示趋势的分析，发现该液位计时常在13.7m和17.1m两处出现波动，仪表无法正常使用，如图5-4所示。出现波动的可能原因有：

(1)导波管内壁存在毛刺，不光滑。

(2)导波缆不垂直，产生干扰。

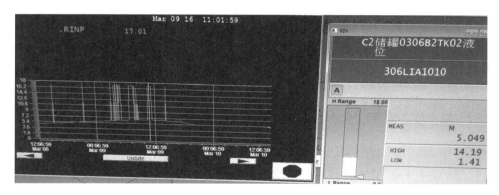

图5-4 雷达液位计数据曲线图

3. 处置

检测干扰波的强度，为消除干扰波的影响，调整液位计的门槛电压为450mV，调整后液位计没有再出现干扰波，运行正常。

案例65　轻烃球罐伺服液位计故障

1. 经过

X 月 X 日，轻烃罐区 C2 新球罐进料过程中，雷达液位计的读数能够跟踪液位变化，但是伺服液位计显示值一直固定在某一数值不变，不跟踪液位。仪表人员根据工艺过程，判断伺服液位计故障并进行维修，将运行模式转为手动，浮子可以随着指令上升或下降，但是转为自动模式后液位计的读数仍旧不跟踪液位的变化。

2. 分析

根据故障现象，伺服液位计仅在液位上升时出现不跟踪问题，液位下降时，不存在此类问题，且在手动状态下浮子上下无问题，可以确定导向管内壁光滑无异样，不会影响浮子。分析其原因：可能是仪表设置参数存在问题。通过检查表内参数发现，设定密度值为 $459kg/cm^3$，而实际密度只有 $356kg/cm^3$，设定密度比实际密度值大，电机拉力就小，不足以使浮子正常上浮。

3. 处置

根据实际密度，修改伺服液位计参数，仪表恢复正常。

4. 启示

对新投用的伺服液位计进行内部参数设置时，必须核对实际工艺参数，并进行测试。

案例66 轻烃色谱分析仪测量数据偏差大

1. 经过

某年 X 月，轻烃装置检修开车后，轻烃色谱分析仪测量数据存在偏差，不能反映介质真实组分。

2. 分析

对在线色谱分析仪进行检查，确认色谱工作正常。采用通标气进行测试，所测组分含量基本一致。分析化验人员进行取样分析，与在线色谱进行比对，结果如表 5 – 1 所示。

表 5 – 1　分析取样数据对比

组分	实验室分析数据	在线色谱数据
乙烷	0.02	0.04
丙烷	81.03	87.03
异丁烷	9.26	C4S 12.79
正丁烷	9.05	C5S 0.13
异戊烷	0.5	
正戊烷	0.13	
$C_6{}^+$	0.01	

从分析数据对比来看，各组分含量有差别，在线色谱正常，需分析采样管路及样品问题。

观察取样点的温度、压力，在不同温度、不同压力下，在线分析色谱所测量的值不同。温度和压力的变化，会直接影响丙烷的饱和蒸汽压，如果在一定温度下，压力达不到其饱和蒸汽压，介质就会有气液两相同时存在的情况，导致测量结果丙烷数据会偏低。丙烷的饱和蒸汽压如表 5 – 2 所示。

表5-2　丙烷的饱和蒸汽压

温度/℃	温度/K	饱和蒸气压/kPa
50	323	1709.5254
49	322	1672.642
48	321	1636.3434
47	320	1600.6237
46	319	1565.477
45	318	1530.8972
44	317	1496.8787
43	316	1463.4154
42	315	1430.5017
41	314	1398.1318
40	313	1366.3
39	312	1335.0006
38	311	1304.2281
37	310	1273.9767
36	309	1244.241
35	308	1215.0153
34	307	1186.2943
33	306	1158.0725
32	305	1130.3444
31	304	1103.1046
30	303	1076.3478
29	302	1050.0687
28	301	1024.2619
27	300	998.9221
26	299	974.0442
25	298	949.6228

当前工艺操作温度为31.97℃，操作压力为1.018MPa，低于此温度下丙烷的饱和蒸汽压，因此丙烷测量数据会偏低。

3. 处置

调整操作压力，使之高于该温度下的饱和蒸汽压，尽量避开在临界点操作。

案例67 轻烃色谱分析仪显示异常

1. 经过

X月X日，轻烃回收装置色谱分析仪组分指示不正常，如图5-5所示。

2. 分析

经现场检查，确认采样器及载气压力正常，预处理样气压力正常。

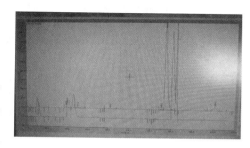

图5-5 不正常色谱图

在检查分析仪排气管路时发现，把排气管放在水瓶里没有连续气泡排出。通过从排气管逆向排查，最终发现采样柱切阀进气管放在水瓶里有连续气泡排出，出气管10多秒排一个泡，初步判断是因为采样柱切阀膜片脏污导致样气流通不畅的。

通过拆解柱切阀发现，柱切阀膜片脏污，柱切阀六通孔有污渍，如图5-6所示。

图5-6 柱切阀膜片脏污

3. 处置

更换采样六通柱切阀，分析仪投用后谱图运行正常，组分指示正常，如图5-7所示。

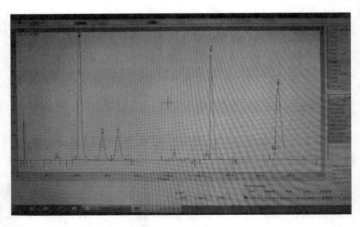

图5-7 正常色谱图

案例68 接收站-轻烃回收单元关联操作调整不当导致联锁停车事件

1. 背景

轻烃回收装置脱甲烷塔级间回流泵设计有入口压力低联锁，原设计低联锁值为3.04MPa，投产后该泵正常入口压力3.02MPa左右，导致该联锁一直无法投用。方案审查期间，将其入口压力低联锁值变更为2.80MPa，X月X日脱甲烷塔级间回流泵入口压力低联锁正式投用。

轻烃回收装置脱甲烷塔压力由安装在轻烃高压外输泵出口管线上的阀门控制。当脱甲烷塔压力升高时，该阀门相应开大；轻烃高压外输泵出口与接收站工艺区高压泵出口并联，汇合后去下游汽化器入口。轻烃高压外输泵能否正常外输与工艺区高压泵出口压力高低密切相关，并直接影响到轻烃回收装置脱甲烷塔压力。脱甲烷塔级间回流泵入口来自脱甲烷塔，塔压过低即可能触发脱甲烷塔级间回流泵入口压力低联锁，导致脱甲烷塔级间回流泵联锁停车。

2. 经过

X月X日0:00接收站班组开始调整外输量，逐渐开大海水汽化器入口阀。0:00-0:10外输量由$24 \times 10^4 m^3/h$提升至$44 \times 10^4 m^3/h$，工艺区高压泵出口流量由190t/h提高至247t/h、出口压力由8.9MPa快速下降至8.04MPa。

受下游外输压力下降影响，0:00-0:02轻烃高压外输泵回流阀开度由40.73%开始自动关小至0%，出口流量由86t/h持续快速升至104t/h，轻烃高压外输泵出口外送流量增加，脱甲烷塔压力开始下降。

0:04轻烃高压外输泵出口阀开度由100%开始自动逐渐关小，0:08:36其开度关小至40%。

0:09轻烃回收装置脱甲烷塔压力持续下降，于是立即关小下游ORV汽化器入口LNG流量调节阀开度。0:10:57，由于脱甲烷塔压力下降过低，脱甲烷塔级间回流泵入口压力指示达2.80MPa，触发级间泵入口压力低联锁动作，脱甲烷塔级间回流泵联锁停车，停车前机泵状态如图5-8所示。

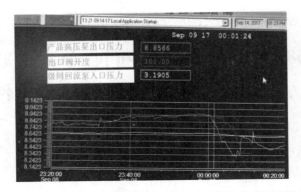

图5-8 轻烃高压外输泵及级间回流泵停车前压力状态

0:15:45 因脱甲烷塔级间回流泵联锁停车、脱乙烷塔塔顶无冷剂，脱乙烷塔压力持续升高达2.788MPa，脱乙烷塔压力控制阀自动打开放火炬（安全阀起跳压力2.9MPa），装置联锁停车。

0:19 脱乙烷塔塔顶回流泵因低液位联锁停车。

经过对轻烃回收装置SIS工程师站记录检查，确认本次停车原因是脱甲烷塔级间回流泵入口压力低联锁动作触发该泵停车，由于系统波动大，进而导致轻烃回收装置系统停车。

根据生产调度指令，8:00开始组织轻烃回收装置恢复开车。

开车过程中，闪蒸罐、脱甲烷系统出现超压，部分TSV安全阀起跳；9:47脱乙烷塔压力达2.83MPa，系统因压力高自动放火炬。

3. 分析

（1）此次轻烃回收装置系统停车原因。

0:00-0:10 调整外输量过程中，工艺区高压泵出口压力由8.9MPa下降至8.0MPa的过程中，压力下降较快，致使轻烃高压外输泵外输流量迅速增加。

轻烃高压外输泵流量迅速增加，导致脱甲烷塔压力下降后，轻烃高压外输泵出口外输阀自动关小但不及时，操作员未立即手动关闭，造成脱甲烷塔压力进一步下降，脱甲烷塔压力下降至2.80MPa时，触发脱甲烷塔级间回流泵入口压力低联锁，机泵停车。

（2）关于开车期间放火炬。

其主要原因有以下两点：

①开车过程中，冷箱两侧冷热负荷不匹配造成系统压力高、TSV安全阀起跳；轻烃开

车是渐进过程，冷热负荷偏离特别是热负荷高，造成气相甲烷不能完全冷却，系统压力高。

②为尽快开车，加快脱乙烷塔开车进度，脱乙烷塔热负荷与进料量不匹配，造成脱乙烷塔压力快速上升：脱乙烷塔开车时进料快，为避免塔釜产品不合格而加大蒸汽量，脱乙烷塔塔顶冷凝、回流未建立平衡，造成脱乙烷塔压力高、放火炬阀打开排火炬。

4. 启示

（1）本次事故暴露出班组操作存在薄弱环节，轻烃班组应急操作能力不足，未及时根据外输压力波动进行有效匹配调节。需加强操作技能培训，经常开展事故演练，提升应急处置水平。

（2）接收站、轻烃班组岗位协调不一致，在工艺调节过程中未及时、有效地进行沟通，尤其在工艺参数出现大幅波动情况下，沟通不畅导致事态加剧。需加强班组管理，强化关联操作中的信息沟通，做到关键操作有提醒、有反馈，岗位协调要一致。

（3）事故暴露出班组应急汇报意识薄弱，停车事故发生后，接收站未紧急执行应急报告程序，直至早7:00左右才向生产运行部汇报。

（4）应急处置程序混乱，接收站、轻烃运行在未报告生产运行部情况下，擅自决定夜间不恢复装置生产的指令。应全面宣贯应急汇报程序，坚决避免事故不汇报、晚汇报及内部处理。

案例 69 轻烃回收装置开车过程中火炬异常排放事件

1. 经过

X 月 X 日 6:30，开始启动升压泵，按正常程序组织轻烃回收装置开车，约 10:00 开始启动高压外输泵建立轻烃回收装置 LNG 高压外输，11:40 发现冷火炬有火苗燃烧，部分乙烷产品损失，产生了一定的环保压力。

2. 分析

排查室内操作，确认 DCS 上各参数均指示正常，未发现误操作存在，外操人员排查现场安全阀情况。12:10 外操人员发现轻烃产品罐区乙烷球罐进料线上一 TSV 安全阀有起跳迹象且表面已挂霜结冰，安全阀还处于未回座状态，联系中控人员，确认乙烷球罐压力正常，该段管线流程畅通，不存在憋压死角，于是现场缓慢切除该安全阀，火炬排放逐渐停止。

（1）乙烷球罐进料线上设计有现场手阀，随轻烃回收装置开车的进行，11:30 乙烷开始采出并输送至乙烷球罐进行存储，室内人员未能及时通知外操打开乙烷球罐进料线上该现场手阀，导致乙烷进罐流程不畅通，乙烷进球罐管道内 -20℃ 的乙烷迅速升温、汽化，压力持续上升，达到该段管线上的 TSV 安全阀起跳值后，TSV 安全阀起跳，出现放火炬。

（2）由于现场雾气较大，中控监控火炬的画面全是白色，无法看到冷火炬情况，但是 DCS 画面有专门的火炬线温度监控，操作员未能及时查看，延误问题发现和排查时间。

3. 启示

（1）轻烃回收装置开车操作液相填充、升压过程中，严格控制预冷、升压速度；开车前加强现场流程确认，做好书面检查记录。

（2）重要操作中，室内操作员加强仪表监控、检查范围，随时查看 DCS 中火炬线温度监控指示，便于及时发现异常，迅速开展排查。

（3）装置开车过程中，如遇大雾等影响视频监控的天气，需安排专人加强现场巡检力度。

案例70 乙烷泵机械密封泄漏

1. 经过

X月X日，轻烃单元新增乙烷泵试车运行，至X月X日，因机封泄漏停泵检修达5次。泄漏机械密封型号CMIBn-085/01G-080-K065 AD A30P1RIG。

乙烷泵机械密封泄漏主要表现为两种类型：一种是静压状态机封漏；另一种运行过程机封漏。

对机封进行解体检查，其中3次机封泄漏由厂家到现场解体检查，动静环密封面及O形密封圈未见损坏，机封压缩量符合要求，未查出机封漏原因，机封返厂检查；其中2次解体检查发现静环密封圈老化。检查图片如图5-9、图5-10所示。

 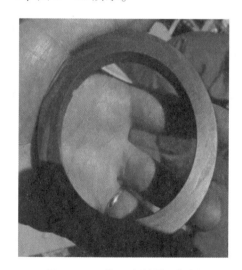

图5-9 静环密封圈侧视图　　图5-10 静环密封圈正视图

2. 分析

（1）安装静压试验时泄漏。机械密封安装后，一般要进行静压试验，观察泄漏量。若泄漏量较小，多为动环或静环密封圈存在问题；若泄漏量较大，则表明动、静环摩擦副间存在问题。

（2）泵运行过程出现的泄漏。运行时机械密封泄漏在排除轴间及端盖密封失效后，可能是由于动、静环摩擦副失效所致。引起摩擦副密封失效的因素主要有：

①操作中，因抽空、气蚀、憋压等异常现象，引起较大的轴向力，使动、静环接触面分离。

②对安装机械密封时压缩量过大，导致摩擦副端面严重磨损、擦伤。

③动环密封圈过紧，弹簧无法调整动环的轴向浮动量。

④静环密封圈过松，当动环轴向浮动时，静环脱离静环座。

⑤工作介质中有颗粒状物质，运转中进入摩擦副，损伤动、静环密封端面。

⑥设计选型有误，密封端面比压偏低或密封材质冷缩性较大等。乙烷泵的历次检修排除了操作及安装方面的因素，由此判断密封泄漏可能是由动静环、补偿装置及密封圈选材等引起的，其主要原因是机封选型不合适。

3. 处置

重新选用型号机械密封。泄漏机械密封型号由 CMIBn – 085/01G – 080 – K065 AD A30P1RIG 更换为新的机封型号 CMIB – 085/1G – 080 – C065 A30P1RIG，目前机封运行状况良好。

4. 启示

设计选型变更要充分考虑备件适用性。由于机械密封冲洗方案为 P14 + 72 + 76，机泵运行期间，密封排气口阀门需保持常开状态。

案例71　轻烃回收装置安全阀频繁泄漏

1. 经过

轻烃装置投产初期，在装置运行平稳情况下，发现部分 TSV 安全阀频繁泄漏。安全阀经下线重新定压后，泄漏情况仍未消除，导致以上 TSV 安全阀无法正常投用，影响安全生产。

2. 分析

通常情况安全阀泄漏有以下原因：

(1)系统压力高超过安全阀整定压力，安全阀起跳泄漏。

(2)安全阀校验误差大或长时间未校验，整定压力低，安全阀起跳泄漏。

(3)安全阀密封面有杂质引起泄漏。

(4)安全阀选型不合适。

对轻烃装置安全阀起跳泄漏分析发现，工艺操作压力稳定且处于正常范围。解体检查安全阀密封面，洁净无杂物，安全阀选型合适。后深入分析，确认安全阀泄漏是由于整定压力较低，与管线实际压力非常接近，系统稍微波动就可能导致安全阀起跳。例如：脱甲烷塔级间泵出口 TSV 安全阀原设计定压值 3.4MPa，与实际操作值 3.336MPa 非常接近，经专业部门重新核算安全阀定压值，将定压值变更为 3.9MPa 后，安全阀投入使用，未再出现泄漏。

3. 处置

(1)对轻烃装置安全阀定压值与工艺操作值接近的安全阀进行核查汇总，与设计单位、厂家进行对接，重新核算安全阀定压值，如表 5 - 3 所示。

表5 -3　轻烃装置重新定压安全阀明细表

设备	安全阀位号	原设计定压值/MPa	重新核定值/MPa
轻烃装置系列一			
P - 02A	0208 - TSV - 1203/1204	3.8	4.1
P - 02B	0208 - TSV - 1253/1254	3.8	4.1

续表

设备	安全阀位号	原设计定压值/MPa	重新核定值/MPa
P-03A	0208-TSV-1303/1304	3.8	4.3
P-03B	0208-TSV-1353/1354	3.8	4.3
P-05A	0208-TSV-1503/1504	3.4	3.9
P-05B	0208-TSV-1553/1554	3.4	3.9
P-07A/B	0208-TSV-1022/1023/1024	2.9	3.3
P-08A/B	0208-TSV-5001/5002/5003	3.8	3.9
轻烃装置系列二			
P-22A	0208-TSV-2203/2204	3.8	4.1
P-22B	0208-TSV-2253/2254	3.8	4.1
P-23A	0208-TSV-2303/2304	3.8	4.3
P-23B	0208-TSV-2353/2354	3.8	4.3
P25A	0208-TSV-2503/2504	3.4	3.9
P25B	0208-TSV-2553/2554	3.4	3.9
P-27A/B	0208-TSV-2022/2023/2024	2.9	3.3
P-28A/B	0208-TSV-5101/5102/5103	3.8	3.9

（2）将设计定压值低的安全阀下线，按重新核算的定压值重新定压后，投入使用。

案例72　轻烃回收装置升压泵试车失败

1. 经过

X 月 X 日，轻烃回收装置升压泵进行单机调试，泵的进口压力 0.8MPa，出口压力 1.01MPa（出口设计压力为 1.92MPa），泵的出口流量 29.8t/h（设计流量 127.3t/h），电机电流 172A（额定电流 334A），泵启动后无法正常运转，泵运行数据未达到设计要求，试车失败。

2. 分析

（1）问题分析。

①升压泵试车时，工艺条件满足设计要求，机泵试车严格按照厂商要求进行。

②升压泵试车时，通过改变泵入口压力、调整出口阀开度、投用/切除排气线保证泵冷态等措施，机泵仍然存在出入口压差低、流量低等现象，不能满足设计、使用要求。

③试车时发现其他几台升压泵普遍存在出入口压差低、外送流量低的现象；排除因工艺条件及操作不当导致的试车失败。

综合分析认为泵体与泵筒密封锥面接触不好，存在较大间隙，引起物料泄漏内循环，导致泵达不到设计要求，是试车失败的主要原因。

（2）泵拆解检查数据。

①检查测量密封面间隙。

用压铅丝（5mm）的方法测量面间隙，在密封面选取 7 个点放置铅丝，发现铅丝厚度过大导致泵体无法放入泵桶。将铅丝更换为厚度 2.5mm 的铅丝，泵体放入泵桶后，测量 7 个点的铅丝被压后的尺寸，其中东侧铅丝 1.05mm，南西铅丝 0.77mm，其他几个点铅丝未接触上，并有两个铅丝脱落，由此判断密封面间隙至少 2.6mm 以上。

②检查泵筒椭圆度及锥面角度。

升压泵	上部椭圆度	中部椭圆度	下步椭圆度
检查数据	591.09/585.35	588.5/585.12	541.46/535.5
设计数据	591	590	538.48

注：密封面角度设计60°±0.25°，密封面角度实际测量64.62°。

升压泵吊出检查测量结果表明，泵筒密封锥面制造过程中误差超标，泵安装后密封面配合间隙大，达不到设计要求。

3. 处置

(1)处理方案。

经泵厂家现场服务人员与工厂落实后，建议不再进行单机试车，避免损坏泵体，取消再次调试计划。

制定修复方案后再进行试车。泵厂家提出的修复方案：现场对泵筒密封锥面进行堆焊后(图5－11)，再对泵筒密封面进行打磨修复。

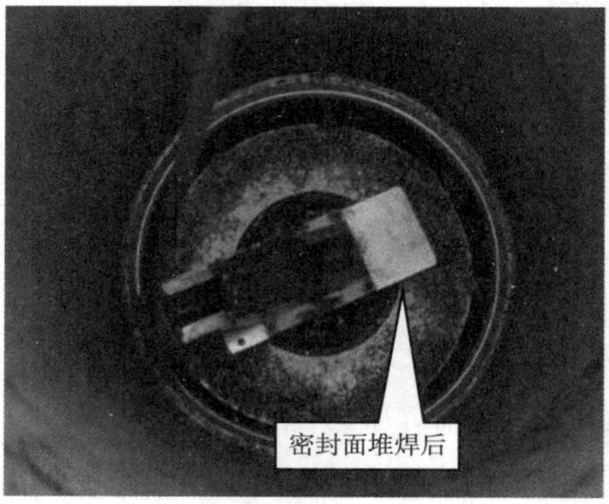

图5－11　泵筒密封锥面堆焊

(2)该低温泵筒密封锥面(图5－12、图5－13)修复验收标准：

图5－12　低温泵密封锥面

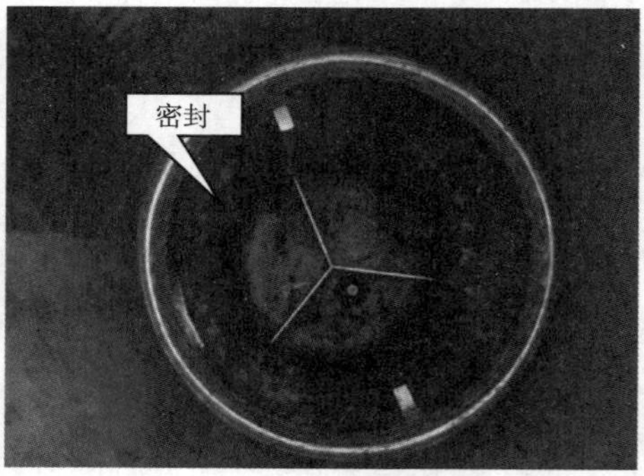

图5－13　泵放入泵筒后泵筒密封锥面

①泵与泵筒密封锥面接触面积不小于80%。

②泵与泵筒密封锥面接触不可有断点，且接触带宽度不小于10mm。

案例73 轻烃回收装置蒸汽供应异常

1. 经过

某年 X 月 X 日 17:55，DCS 出现蒸汽压力低报警，蒸汽压力指示由 0.7MPa 开始快速下降，18:43 压力最低达到 0.18MPa；蒸汽温度指示也开始下降，重沸器入口蒸汽流量呈持续下降趋势；脱甲烷塔塔釜液位开始上涨；接外供蒸汽厂家电话通知，称蒸汽锅炉临时检修，轻烃回收装置做好蒸汽停供准备，情况紧急。

2. 分析

外供蒸汽厂家临时进行锅炉检修导致蒸汽供应异常。

3. 处置

(1)快速降低轻烃回收装置负荷，手动开大蒸汽调节阀，利用蒸汽系统中的剩余蒸汽，把脱甲烷塔灵敏板温度控制在正常范围，确保精馏塔在正常范围内运行，维持轻烃回收装置低负荷运行。

(2)大幅降低脱甲烷塔、脱乙烷塔塔顶回流量，两塔大幅减少进料和采出，各运行机泵回流运行，保证出口流量＞机泵最小流量；随时监控各机泵运行状况及系统压力。外操人员现场稍开蒸汽管线导淋，及时排出蒸汽系统中的凝液，防止蒸汽管线发生"水锤"现象。

(3)与外供蒸汽厂家保持联系，确认蒸汽锅炉检修进度；19:40 蒸汽逐渐恢复正常供应，关闭蒸汽管线各导淋，调整系统操作，并逐渐恢复装置正常负荷。

4. 启示

(1)系统快速降负荷过程中，注意保持塔负荷与热负荷相匹配，避免系统压力过高，同时也要防止蒸汽加热不足导致重沸器冻堵。

(2)调整过程中，随时与外系统保持联系，防止对外输造成较大波动；与蒸汽外供厂家密切联系，时刻关注蒸汽恢复情况，及时做出相应调整。

案例74　轻烃回收装置冬季冻凝问题及防范措施

一、轻烃产品罐区水喷淋系统喷淋管线冻堵

1. 经过

某年冬季轻烃产品罐区4台球罐的消防喷淋水线出现冻凝，部分喷淋管线被冻断，冻凝位置位于球罐下半部的环形管道及其喷嘴。

2. 分析

球罐雨淋阀系统环形喷淋管线设计不合理，未设计低点排凝线，喷淋系统内残存水在冬季低温环境下冻堵，损害管线。

3. 处置

处理过程：水喷淋系统环形喷淋管线低点开孔，处理后未再发生冻堵(图5-14)。

图5-14　雨淋系统喷淋管线

二、轻烃罐区雨淋阀冻堵失灵

1. 经过

某年，轻烃产品罐区某台球罐雨淋阀发生冻凝，雨淋阀失灵不能正常开启。

2. 分析

雨淋阀系统使用的电伴热带设计不合理，电伴热带铺设少造成低温天气下雨淋阀冻堵。

3. 处置

重新对雨淋阀系统电伴热进行铺设，增加电伴热面积；针对雨淋阀保温不良问题，为雨淋阀加盖保温箱进行保温后，雨淋阀系统未再发生冻堵。

三、轻烃回收装置蒸汽仪表冻堵

1. 经过

轻烃回收装置使用低压蒸汽作为精馏塔釜热源，蒸汽管线仪表设计有电伴热，投产第一年发生多次蒸汽仪表指示故障、失灵，给冬季安全生产带来较大隐患。

2. 分析

经检查为蒸汽仪表末端表头发生冻堵。

3. 处置

为彻底消除隐患，为每台蒸汽仪表增加保温箱，此后装置仪表安全过冬，未发生冻凝事故。

案例75 公用工程及轻烃回收装置部分设备停机事故

1. 经过

某年11月X日(雨)凌晨6:36,中控人员发现室内照明灯闪烁,查看DCS画面运行设备未发生异常。

6:42室内照明又发生闪烁现象,查看运行设备发现空气螺杆压缩机A/B、循环水泵A/B、循环水风机、微热再生干燥装置、PSA制氮装置A/B、生活水泵A/B、生产水泵A泵停车,制氯系统电流由412A降至6A。

2. 处置

工艺班组人员现场启动停机设备,内操继续监控DCS画面,查看其他设备有无异常。6:44中控打开PV阀,用仪表风储罐压力保证仪表风管网压力。

工艺班组人员到达后首先开启循环水泵A/B、循环水风机,而后将螺杆压缩机A/B停机信号复位后开启,启动微热再生干燥装置。

PSA制氮系统冷干机显示空气系统超压报警,需要在冷干机内部进行复位,联系仪表设备人员到达现场对其进行复位后启动

PSA制氮装置A/B。

启动生产水泵A泵,将制氯电流调至412A。在恢复生活水泵B泵时,发现现场无法进行启动,联系电气对其进行停机信号复位后启动。截至X日凌晨7:20,公用工程所有停机设备均已启动完成,仪表风管网压力、氮气管网压力、生产生活水压力均已恢复正常。

此次电气晃电事故,还造成轻烃回收装置LNG升压泵、凝液泵B泵、脱甲烷塔级间回流泵B泵、脱乙烷塔回流泵B泵、乙烷产品升压泵B泵停车,停车后轻烃操作人员将脱甲烷塔进料泵A泵、产品LNG高压泵手动停机。

在轻烃回收装置重新开车时对再冷凝器液位产生波动,将再冷凝器与富液去轻烃回收装置管路切断。

因轻烃回收装置设备停车时,已由产品LNG高压泵保持外输,工艺区高压泵回流阀

开度100%。产品LNG高压泵停机后外输瞬时流量产生波动，中控采用关小工艺区运行高压泵回流将外输调至所需外输量。

3. 启示

（1）体会认真监控DCS画面的重要性，以及要增强对周围环境的敏感性，尤其是在发现照明设备电压不稳时应及时在DCS画面及现场进行检查。

（2）应与各专业组在发生事故后保持通信联通。

（3）应急演练的必要性，应急演练可以将未发生的事故进行推演处置。一旦事故发生，可以按照推演按部就班地进行处置，防患于未然。

（4）加强巡检，尤其是对重要单元、重要设备的巡检，及时发现问题；平时外操巡检一定要重点检查仪表风储罐的压力，当其压力小于2.5MPa时，要及时对其进行充压到3.0MPa。

第六篇 ▪▪▪
LNG接收站辅助生产系统

案例76 螺杆压缩机润滑油温度过高

1. 经过

某年夏季,仪表风系统螺杆压缩机因润滑油温度过高经常发生跳车。

2. 分析

接收站循环水系统设计的是采用市政自来水,而市政自来水水质有较长一段时间内达不到要求。另外冷却水塔设置于室外易受到灰尘杂质的影响,所以工厂运行仅两年,便发现循环水系统以及设备换热器中结垢严重,并滋生了大量微生物。

由于此原因,仪表风系统螺杆压缩机因润滑油温度过高经常发生跳车事件,经排查发现是由于润滑油换热器的水路管束结垢堵死所导致。

3. 处置

(1)将螺杆压缩机油冷器拆卸后,进行清洗。

(2)将螺杆压缩机冷却系统由水冷改为风冷,并将排风口引至室外。改造后,压缩机出口温度基本保持在环境温度+10℃以内,且再未发生过跳车事件。

4. 启示

将螺杆压缩机冷却系统由水冷改为风冷,从根本上解决了冷却水对螺杆压缩机冷却器的影响,如图6-1所示。

图6-1 水冷却改风冷却

案例77 螺杆式空压机机头抱死

1. 经过

X月X日，对螺杆压缩机进行定期设备切换时，发现螺杆压缩机A和B无法正常启动，随即开展现场故障排查。首先检查了报警信息，随后对有可能导致停机的原因进行逐一排查。对设备进行手动盘车时，发现螺杆压缩机转轴抱死而无法转动，原因是内部锈蚀。

2. 分析

空分空压站内螺杆压缩机因距离海边近，潮气大，空气中盐分含量较高。机组是无油机型，不防潮，导致设备腐蚀严重，两台压缩机机头因锈蚀使得转子与机壳抱死。

拆检机头发现以下问题：

(1)拆除压缩机入口过滤器，检查是否有损坏，检查结果是过滤器完好。

(2)拆除两台压缩机一、二级入口及出口管线，发现一级入口、二级入口弯头处铸造件锈蚀严重(图6-2和图6-3)。

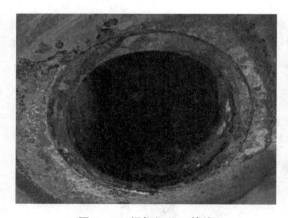
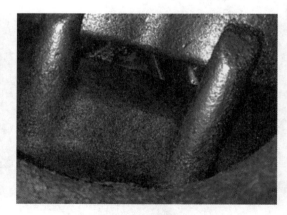

图6-2 螺杆机入口管线　　　　　　　　图6-3 螺杆机转子端面

将两台机头整体拆除运至检修厂房进行检查。检查结果为：

①螺杆压缩机A和B一级机头内部部分腐蚀，整体情况良好，可轻微盘动。

②螺杆压缩机A和B二级机头内部锈蚀非常严重，尤其是入口段，机体内表面可剥落大块锈渣，螺杆与机体密封处已无法找到分界线。

根据拆检结果得知，造成机组卡死的原因主要是：一级机头内部因长期有潮湿空气，造成机组入口管线、转子、机壳发生锈蚀（图6-4），开机时锈渣进入转子，使两转子抱死。

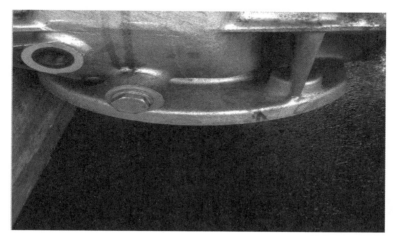

图6-4　螺杆压缩机机组锈蚀

3. 处置

（1）对于螺杆压缩机A和B一级机头，使用松锈剂喷涂螺杆配合处，再用柴油浸泡2h后进行盘车，同时使用大量柴油进行冲洗，将内部锈渣冲出机体。直到盘车很顺利后停止，再次浸泡，反复三到四次后清理内部柴油。

（2）螺杆压缩机A和B二级机头锈蚀严重，使用松锈剂浸泡3d。

（3）螺杆压缩机A二级机头因锈蚀严重，将机头驱动端轴承拆除，同步松开齿轮侧定位轴承压盖，使得转子有一定轴向窜量。使用方木对转子轴向敲击振动，并同时进行盘车。反复进行上一步，直到可以盘动一定角度后，使用大量柴油进行正反转交替冲洗盘车，将内部锈渣冲洗出来后，可以整圈盘车时再用大量柴油进行冲洗1min。用盲板将进口封堵，先用柴油浸泡3d后，再用柴油冲洗干净。随后使用酒精将机组内部柴油清洗干净，并使用压缩空气对机组内吹扫使酒精蒸发干净。

4. 启示

（1）在运行期间，应保证同系列机组都处于运转状态，如发现有螺杆压缩机一直处于休眠状态无流量输出时，应将这台螺杆压缩机的加载压力和卸载压力调高1~2bar，保证该螺杆压缩机处于运行状态。

（2）当压缩机处于备用状态时，每天要运行15min，驱除机头内水汽，防止机头再次抱死。此方法能使机组不因锈蚀而抱死。

（3）考虑环境因素，可以在压缩机二级出口处，出口单向阀前加一个净化风（最好是氮气）吹扫线。当机组处于备用状态时，打开吹扫气进行干燥置换，经改造后可较大程度地保证机头内干燥，防止生锈。

（4）各班组加强对螺杆压缩机的巡检，保证每次巡检对微热再生和螺杆机进行一次手动低点排水（包括备用压缩机）。

案例78　海水泵电机支撑轴承温度高导致停车

1. 经过

X 月 X 日 04:22，DCS 报警页面出现海水泵支撑轴承温度高高报警(图 6 - 5)，海水泵联锁停车。海水泵停车后，ORV 入口海水流量出现低报警。但由于流量计联锁处于旁路状态，未引起 ORV - A 联锁跳车，ORV - A 出口 NG(天然气)管线温度呈现下降趋势。由于海水流量过低，海水制氯系统联锁停车。

查看海水泵支撑轴承温度趋势，该温度值于 3:45 波动至量程下限(-3℃)。由于海水泵没有轴承温度低低联锁，且 DCS 系统没有报警信息，中控室没有及时发现异常。4:22 时，该温度向上波动至 96℃ 左右，大于轴承温度高高报警值(90℃)，海水泵轴承温度高高联锁跳车。

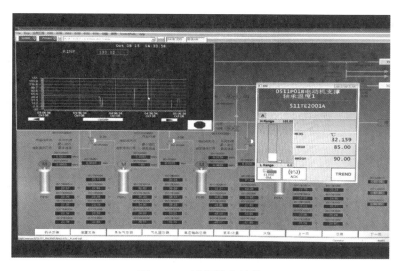

图 6 - 5　轴承温度趋势

2. 处置

及时进行流程切换，具体操作过程如下：

4:23，将高压泵 B 回流阀 FV 阀切换到手动并给定开度 60%，关闭高压泵 B 出口阀

XV阀，关闭ORV-A入口阀门FV阀。ORV入口LNG流程切断，高压泵进入回流模式。

4:26，为防止低压总管压力增高过快影响再冷凝系统稳定，调节3#罐罐内泵B泵出口阀门开度，降低低压总管再冷凝器出口压力，同时将BOG压缩机B负荷由75%调至50%。

4:27，现场外操启动海水泵，调节ORV-A海水管线阀门，恢复海水流量至7000t/h。

海水系统正常运行后，开启高压泵出口阀XV阀，缓慢打开海水汽化器A入口阀FV阀，同时缓慢关闭高压泵B泵回流阀FV阀，调整高压泵B出口流量为65t/h，此时恢复外输7.5万m³/h(标准状态)。将高压泵回流设置自动状态60t/h。

3. 分析

经过仪表专业人员现场检查，确认海水泵轴承温度变送器A故障原因为信号断路。经现场接线排查，该温度恢复正常显示值。

4. 启示

(1)由于海水汽化器A海水流量低低联锁设定在旁路状态，并未对海水汽化器联锁停车，建议对于现有联锁打旁路情况下，要加强DCS的监控。

(2)中控DCS界面在海水泵轴承温度出现超量程假信号时没有报警指示，不能及时提醒中控人员，不利于事故隐患的及时发现，需要增加报警指示。

(3)逐一检查海水泵轴承测温元件及测振动元件，提前排除事故隐患。

案例 79　海水泵转子抱死

1. 经过

某年 8 月，在海水泵 C 泵盘车过程中，发现正向盘车困难，反向正常。经分析，认为轴承或叶轮可能存在卡滞。为此，对海水泵进行解体检修。

通过解体发现泵体上、下口环(耐磨环)表面磨损严重，口环内侧镀层已全部剥落(图6-6、图6-7)。

图 6-6　海水泵上口环磨损

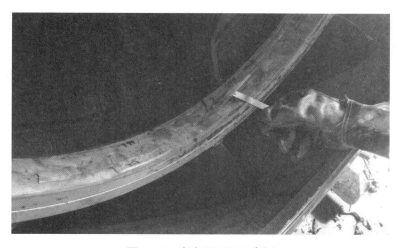

图 6-7　海水泵下口环磨损

2．分析

（1）叶轮耐磨环材质 S31803 + 表面热喷硬化处理，泵体耐磨环材质 S31803，但其表面镀层材质未知。

（2）泵于某年 8 月安装完成，至发现故障时整两年，但泵实际运行时间累计为 3120h，空置时间长。

（3）现场检测轴承与轴间隙 0.2mm，设计要求为 0.101 ~ 0.221，证明轴承无问题。

（4）故障直接原因为泵体耐磨环先腐蚀，表面镀层起鼓、剥落，导致口环间隙变小，所以叶轮盘车时发生了卡滞情况。

（5）腐蚀原因可能有两种：一是泵体、叶轮口环材质存在差异，而口环间隙较小（0.5 ~ 0.565）mm，在海洋环境下形成金属间隙腐蚀；二是泵体口环本身质量问题，耐腐蚀性差，达不到技术协议要求。

3．处置

（1）更换口环；

（2）将原口环腐蚀面清理后继续使用。现场测量剥落的镀层厚度为 0.45mm，加上原有的间隙 0.565mm，最大间隙为 1.015mm，而口环间隙设计最大允许值为 1 ~ 1.13mm，这种做法符合设计要求。此外，即使口环间隙不符合要求，在海水如此大流量情况下，因间隙不合适影响的效率可忽略不计。

4．启示

（1）在日常巡检及维护过程中禁止使用蛮力盘车；

（2）设备选型初期要根据所应用的工况合理选择设备材质。

案例80 海水消防泵出口减压阀流量过低

1. 经过

某年11月，调试发现轻烃罐区消防栓流量和压力较低，经过检查(图6-8)发现海水消防泵出口24in减压阀主阀无动作，经调节两台副阀，主阀阀座动作压力提升但不稳定，消防管线流量压力达不到消防工作要求。

2. 分析

通过分析，判断阀门泄漏可能有以下几点原因：

(1)副阀调节量过大，导致主阀上阀腔膜片压力过大，阀盘无法动作。

(2)副阀阀门内部有杂质堵塞管道，副阀调节螺丝或密封膜片损坏、失效，密封不严。

(3)阀门长时间不操作，阀杆卡涩动作不灵敏。

图6-8 减压阀表观情况

3. 处置

本故障处理有两个问题制约：一是厂家阀门配件采购周期长，不能及时到货维修更换。需要提前做好材料计划提报，大约需要7个月采购时间。二是自主测绘加工，难度太大，需要娴熟的维修技能。

为了保证安全生产，查找故障原因，决定解体阀门，检查确定损坏部件及其材质。通过测绘阀门损坏部件规格尺寸，绘制加工图纸，并选购材料实现自主加工制造。深入研究阀门工作原理，确定阀门测试方法，最终成功解决了该问题。经现场多次测试，阀门动作良好，消防管线流量、压力一切正常，海水消防系统稳定可靠。

4. 启示

(1)对设备生产过程及出厂验收质量严格把关，安装调试时仔细核对。

(2)按时对阀门进行保养检查；按时进行阀门操作。

案例81 海水滤网机无法旋转

1. 经过

设备运行时声音异常，振动非常大，经检查发现，链条在进入导轨处有一链板与链条卡死。将旋转滤网护罩拆开进行详细检查，发现滤网链条出导轨处，有一节链条的外链板已从链轴上脱落（图6-9）。滤网链进入导轨处有一段链条的链板翻到上面并与后面的链条并排卡在导轨入口（图6-10），使滤网侧挡板与链板固定螺栓安装完后是被点焊防松的，现在部分已脱落。

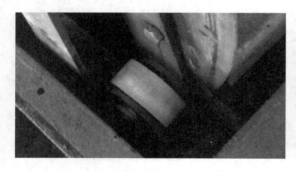 

图6-9 外链板已从链轴上脱落　　　　图6-10 链条卡在导轨入口

2. 分析

（1）链轴外侧销子因长时间转动，或安全销安装过程中未固定牢等原因，在运行中脱落，导致链板与链轴脱开。当链条由水中出来到达滤网机上部，经过上部齿盘后开始向下运动，链板随着转动方向的改变，在进入导轨时与后部链板重合，并卡死在导轨入口处。

（2）滤网侧在旋转时，滤网侧板与导轨及底部的基础有摩擦，使得链条在带动滤网时，有相对较大的力作用在滤网与链条之间，这样使得滤网与链板之间的连接螺栓受力变大并发生位移，最终使得原本补点焊的螺栓松动。

3. 处置

使用316L不锈钢焊材及主材进行修复，做好螺栓防松措施。

4. 启示

（1）旋转滤网机常年与海水接触极易产生腐蚀，设备修复及焊接时应选用耐海水腐蚀的材料。

（2）定期对旋转滤网进行旋转操作，防止滤网轨道卡死。

案例 82 BOG 管网进液问题处置及改造

1. 经过

由于 BOG 系统没有温度监控系统，该系统一旦发生异常进液，操作人员现场排查进液点难度极大。若短时间内无法找到并处理进液点，将导致 BOG 管网压力急剧升高，造成火炬异常放空，甚至堵塞 BOG 泄压通道，出现火雨，对接收站的安全稳定运行影响极大。

2. 处置

为维护 BOG 管网安全运行，可根据接收站管线走向和设备位置，将全场 BOG 管网分为 N 个独立区域，在 BOG 管网界区位置设置 N 组测温热电阻，并在 DCS 中设置监控画面，为每个温度点设置温度低报警值，对全场的 BOG 管网进行实时监控。某 LNG 接收站改造后的 BOG 管网温度监控系统如图 6–11 所示。

3. 启示

除进行 BOG 管网测温改造外，为加强 BOG 管网日常的运行监控，以及指导 BOG 管网进液后的应急处理，应做好以下运行管理：

（1）加强 BOG 管网运行参数监控。

①BOG 管网测温点监控频次为 1h 查看 1 次。

②排凝罐液位监控的频次为 1h 查看 1 次。降低 BOG 压缩机入口排凝罐液位高报值，并密切关注，液位一旦有上升趋势或达到高报需立即查明原因。在班组日常运行中，无特殊情况排凝罐要保持高报警值以下，一旦达到高报警值应立即到现场排液。

③放空气体分液罐、罐内泵放空线状态监控频次为 1h 查看 1 次。为避免放空气体分液罐、罐内泵放空线窜液，应加强以下监控：监控放空气体分液罐放空线 XV 阀、PV 阀开关状态、液位、压力等。放空气体分液罐液位高高联锁关闭 XV 阀不允许旁路。放空气体分液罐放空线温度≤-135℃关闭 XV 阀不允许旁路。PV 控制阀投手动模式，压力高报需要泄压时可以通过罐底排凝线泄压。罐内泵放空线启泵前、泵运行中关闭，及时检查阀门状态。

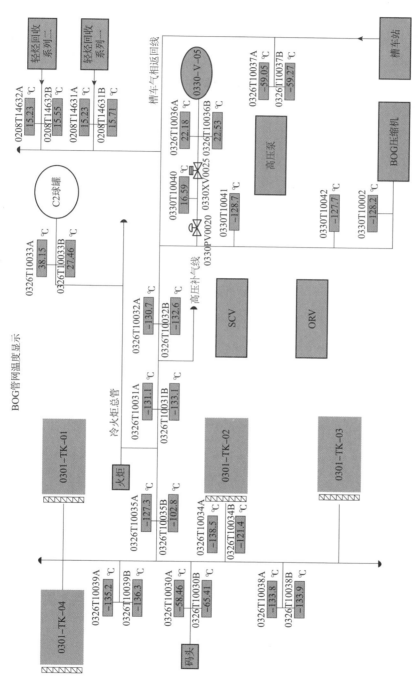

图 6−11 某 LNG 接收站 BOG 系统温度检测示意图

④加强现场安全阀检查，每次巡检需仔细查看现场安全阀状态（阀体是否结霜、安全阀放空线是否结冰、是否有异响、旁路是否为关闭状态等）。

（2）BOG管网进液后的应急指导意见。

①当发现BOG管网测温点报警或排凝罐液位上涨，应及时报告。

②要检查DCS控制是否有异常，如放空气体分液罐、罐内泵放空线等，同时检查当时内操是否存在异常操作。

③立即进行现场排查，重点为各区域安全阀以及现场正在进行或刚结束的重大流程（例如预冷、启停设备等），与流程相关的放空线是否存在异常操作。同时可以根据BOG管网测温点分布图及各点温降的先后顺序，大体判断进液区域，缩小排查范围。如仍不能发现问题，要进一步扩大至全场检查。

案例83　冷火炬长明灯点火系统故障

1. 经过

某年 X 月接收站冷火炬点火系统出现故障，冷火炬长明灯频繁熄灭，且高空自动点火经常失灵，而采用地面爆燃仍能点燃。

2. 分析

经对地面点火系统和燃料气管线过滤器进行检查，燃料气管线用氮气吹扫均未发现异常，判断燃料气管线高空过滤器和火炬喷嘴有结焦现象或点火电极故障不打火。经过拆检发现长明灯频繁熄灭的主要原因是过滤器堵塞和火嘴有部分气孔堵塞。

高空点火故障的主要原因为点火电极的延伸电缆(图 6 - 12)在 50m 处断开和电极内部高压电缆烧焦，绝缘性能不够，无法打火。电缆断开是由于穿线管中间接管有应力，安装不到位。电缆烧焦是由于两个火炬头距离较近，火炬长时间燃烧互相烘烤所致。

3. 处置

将火炬点火电缆与热电偶补偿导线全部更换，点火电极穿线管中间连接处改造为软连接，更换为防爆软管，消除应力。

过滤器滤芯用清洗剂清洗后，再用净化风吹干。喷嘴、火嘴、燃料气管线进行疏通清理，如图 6 - 13、图 6 - 14 所示。点火电极内部电缆、火花塞全部更换备件，点火电极棒外部套上纤维套管隔绝热量，同时更换 4 只备用热电偶。火炬点火头、电缆进行回装，在安装完火炬第一节后进行打火测试，全部打火成功后与电缆、穿线管与火炬一同逐节回装。

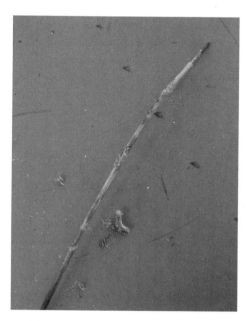

图 6 - 12　冷火炬点火电极延伸电缆

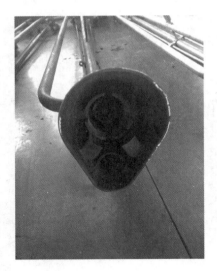

图6-13　未处理的火嘴　　　　　　　图6-14　处理过的火嘴

4. 启示

为防范出现此类问题，一是针对之前穿线管错位，每节连接处改造为软管连接。二是针对点火棒电缆烧焦问题在外部增加纤维套管隔绝热量。

案例84 制氯系统压力开关故障导致风机联锁停机

1. 故障现象

某年8月，制氯系统两台风机同时报警联锁停机。

2. 故障分析

经现场查看，触摸屏上1#风机（图6-15）、2#风机（图6-16）同时报警。

T101为风机1启动30ms延时；T102为风机2启动延时30ms。

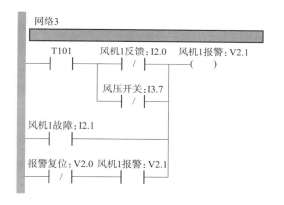

图6-15 1#风机报警图

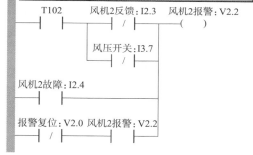

图6-16 2#风机报警图

查看逻辑：风机1启动后，若风机1故障，或30ms后风机1无运行反馈，风压开关动作都会导致风机1报警；风机1出现故障后会自动启动风机2。

风机1、风机2同时出现报警时制氯系统停车。

考虑到风机1、风机2同时出现故障的可能性较低，初步判断风压开关动作。

检查风压开关，现场接线为常闭触点。

3. 处置

拆下风压开关（图6-17）校验，发现接常闭触点时，低于500Pa为闭合，高于700Pa左右断开（此时应为高报），与设计不符，设计为压力低于500Pa断开，压力开关应接常开触点。

用压力模块检测风机出口管道压力发现：风机运行时，压力为520～680Pa（观察

图 6-17   风压开关

15min），与压力开关的设定值 500Pa 较为接近。随即进行压力开关微调设定值测试，下行到 420Pa 断开，上行到 580Pa 恢复闭合（压力开关回差为 160Pa）。

回装压力开关后，开任意一台风机时都会出现报警，并切换至另一台风机工作，判断在 30ms 内压力未达到 580Pa（上行压力值），且运行一段时间后也会出现跳车现象。

在现场测量风压开关两触点电阻值发现波动，怀疑风压开关可能存在阶段性误动作；但拆回压力开关后，将压力稳定在 600Pa 观察 2h 未见波动。

判断故障出现的原因有以下几种可能性：

（1）压力开关故障（不能完全排除压力开关的问题，且压力开关回差较大）。

（2）风机出口压力波动，与压力开关报警值接近，到达下限值压力开关正常动作。

（3）设计缺陷：风机启动延时时间 30ms 较短，造成一开机就切换到另一台。

（4）压力开关接线错误，不能达到压力低于 500Pa 报警功能。

经过研究，重新校验压力开关并将报警值设定为 600Pa，将压力开关的接线由常闭触点改为常开触点。

案例85 程控阀内漏导致 PSA 制氮不合格

1. 经过

某年7月,启动 PSA(变压吸附)制氮氧含量很高,制氮系统产品不合格。

2. 分析

现场进行问题排查,同时开启两套制氮系统,将 PSA 制氮入口手阀开度调至极小,使得风压低于0.4MPa。其他阀门开关正常,但是故障阀门关不到位,手动关闭时有卡涩。加大手阀开度,使风压达到0.6MPa,阀门动作正常,但是故障阀门有串缸现象。通过观察发现另一阀门也有轻微串缸现象。经过现场观察,确定制氮不合格是由阀门故障引起。

8月,更换阀门,拆检拆下的阀门,发现气缸连接件损坏严重,密封环断裂,如图6-18~图6-20所示。

图6-18 程控阀气缸内活塞

3. 启示

由于该系统阀门动作频繁，运行周期达到一年半至两年时间，需全部更换阀门，建议保持备件充足。

图6-19 程控阀执行机构气路接口

图6-20 程控阀

案例 86 PSA 制氮系统装置频繁跳车

1. 经过

PSA 制氮装置夏季高温时跳车较为频繁，需使用外购的液氮以满足生产需求。

2. 分析

（1）冷干机换热器循环冷却水采用的是市政自来水，该水质有较长一段时间内达不到要求；另外，由于循环水冷却塔设置在室外，受灰尘杂质的影响，设备运行不到两年，发现循环冷却水系统以及设备换热器中结垢严重，并滋生了大量微生物，导致了冷干机换热器换热不良，出口露点超标。

（2）由于设备入口管线材质为碳钢，且从空气压缩机出口而来的压缩空气中含水量较高，故长时间运行后管道内部产生大量铁锈，铁锈随压缩空气进入冷干机，导致设备入口过滤器频繁堵塞，经常造成过滤器前后压差过大而报警停机。

（3）由于海边湿热天气影响，夏季压缩空气中含大量冷凝水，若排水不够，一会堵塞冷干机前后过滤器，二会导致出口露点过高，造成设备停机。

（4）冷干机处理能力为 $26m^3/min$，实际上是在环境温度 30℃、入口空气温度 40℃ 工况下进行设计的。夏季，在环境温度为 40℃、入口温度为 55℃ 的工况下，只能满足 PSA 制氮装置约 $400m^3/h$ 的处理能力，如此便不能满足全厂用氮需求，只能外购液氮以补不足。

3. 处置

（1）为解决因水质问题导致的管道结垢，将原冷干机换热器的冷却方式由水冷改为风冷，如图 6 - 21 所示。

（2）使用合格的补充水源。

（3）对于管道内部生锈问题，将原碳钢管道材质替换为不锈钢。

4. 启示

（1）夏季湿热环境导致压缩空气中含水量较大的问题，可以在冷干机前增加 1 套汽水分离装置去掉空气中的冷凝水。

图 6-21 风冷式冷干机

（2）更换冷干机冷却形式，加大其处理能力，降低空气露点，提升产氮量，延长分子筛床层的使用寿命。冷干机处理量由 $26m^3/min$ 优化提升至 $35m^3/min$ 可满足最恶劣工况生产需求。

（3）优化冷干机及螺杆压缩机排水设置，延长 PSA 冷干机自动排水阀开启时间；每天增加两次 PSA 制氮系统入口低点排凝及过滤器手动排水；延长螺杆压缩机自动排水阀开启时间。

（4）通过加装临时压力表监测冷干机、三级过滤器压降，排查过滤器堵塞情况并进行更换。

案例87 分析过程中氧含量过高

1. 经过

某年11月初,接收站实验室气相色谱仪分析富气组分中氧含量偏高。

2. 分析

通过不断查找,经分析后原因为两点:一是在标气和样品更换过程中空气中的氧进入;二是对进样环吹扫不干净。

3. 处置

通过对进样系统进行改造,在进入气相色谱仪前增加快速接头,减少了更换过程中氧的渗入,将氧气含量降至正常水平。进样时采用爆破吹扫及采用更小直径进样管线,加强对进样环的吹扫。通过采取以上措施,成功解决富气分析氧含量过高的问题。

第七篇

接收站电气、仪表系统

案例 88　抗晃电改造措施

1. 经过

接收站试运投产以来，低压泵、海水泵、SCV、BOG 压缩机等设备均有因晃电导致跳车的情况，当日气化外输发生了非计划中断，影响了生产计划执行和安全生产。

2. 分析

晃电现象大多由外电网引起，原因一般为自然原因、雷击、污闪引起的线路短路，外部线路或变电设备短路、带电误合地刀、误停电、大容量电源突然跳开等。综合接收站的几次晃电，每次晃电的幅值、持续时间都不尽相同，对生产设备造成的影响也不一样。

3. 处置

对关键设备的辅助泵进行抗晃电改造，某接收站设备抗晃电改造明细见表 7-1，主要从以下两个方面进行改造：

(1)将主回路普通交流接触器更换为防晃电交流接触器后，可以在正常供电状况下达到使用普通接触器的效果，同时也能够保证晃电时接触器延缓释放，等短暂的晃电结束后，电机又可以自动恢复运行；在控制回路中加装再启动控制器后，当电网严重晃电时接触器释放，但接触器启动控制回路始终接通，如果在整定时间内电网电压恢复至接触器线圈额定电压的 75% 以上，接触器自动吸合供电保证设备正常运行。

(2)利用电动机综保的立即再启动功能。立即再启动是综保判断晃电后对于连续运行的电动机回路，当系统出现短暂失电时，为尽快恢复工艺流程，电动机能够在电源恢复时自动重新启动。再启动功能块检测母线电压，当任一相电压降到 75% Un 时，电机再启动。

表 7-1　接收站设备抗晃电改造明细

序号	设备名称	改造方式
1	SCV 风机 SP 水泵	改造抗晃接触器
2	SCV-B 风机冷却风扇 1	改造抗晃接触器
3	SCV-B 风机冷却风扇 2	改造抗晃接触器
4	SCV-D 风机 SP 水泵	改造抗晃接触器

续表

序号	设备名称	改造方式
5	SCV-D风机冷却风扇1	改造抗晃接触器
6	SCV-D风机冷却风扇2	改造抗晃接触器
7	国产压缩机油冷却风扇	改造抗晃接触器
8	进口压缩机油冷却风扇	改造抗晃接触器
9	进口压缩机冷却水泵	投入再启动
10	进口压缩机冷却水泵	投入再启动
11	SCV-A风机冷却风扇1	改造抗晃接触器
12	SCV-A风机冷却风扇2	改造抗晃接触器
13	SCV-ASP水泵	改造抗晃接触器
14	SCV-C风机冷却风扇1	改造抗晃接触器
15	SCV-C风机冷却风扇2	改造抗晃接触器
16	SCV-C SP水泵	改造抗晃接触器
17	SCV-E风机冷却风扇1	改造抗晃接触器
18	SCV-ESP水泵	改造抗晃接触器

4. 启示

针对接收站发生电压波动的情况，主要采取以下措施，以提高应急防范能力。

(1)充分认识到晃电的客观存在性，提高安全防范意识，同时结合多次晃电发生时造成的设备影响情况，认真分析每次电压波动的时间、幅值和影响范围，不断完善事故预案。

(2)电气人员发现电压波动时，及时进行应急汇报，向工艺操作人员了解受电压波动影响的设备，做好记录，并积极配合进行设备开机。

(3)各专业人员进一步加强巡视，密切配合，当发现异常情况时及时联系，到现场确认，以便发生故障时及时处理。

案例 89　直流屏 6kV Ⅰ段直流母线绝缘低报警

1. 经过

某年 10 月，×号区域变电所直流屏Ⅰ段直流母线绝缘低报警。

2. 分析

检查直流屏本体各部件，未发现异常。在检查 6kVⅠ段母线开关柜直流回路时发现Ⅰ线直流母线存在绝缘低问题。

3. 处置

经排查发现 2 号区域变 6kVⅠ段某开关柜内线缆头与柜体虚接，导致直流屏报警，重新紧固处理后恢复正常。

4. 启示

在安装检修过程中，严格施工管理，杜绝此类问题发生；提高巡检质量，定期隐患排查。

案例90　GIS室1号主变开关液压储能频繁打压

1. 经过

某年8月，GIS室1号主变开关液压操作机构储能打压次数突然升高，每天动作30次，高于厂家规定值每天10次。

2. 分析

查看GIS厂家维护手册，液压操作机构(图7-1)储能打压条件为碟簧释放能量带动滑块移动，触碰到微动开关后启动，开始储能。

图7-1　液压操作机构

排查对比其他储能机构，发现储能完成后的位置滑块有移动现象。由于碟簧储能完成会向后略有移动，移动后直接触碰到储能微动开关，导致频繁打压。

3. 处置

调整滑块位置后，打压次数恢复正常。

4. 启示

(1)在巡检过程中，发现有储能机构频繁打压现象时，可按照此方式及时处理，确保设备正常运行。

(2)参与设备监造，把好设备质量关；加强设备安装期管理。

案例91 6kV 开关柜真空断路器无法分闸

1. 经过

某年7月，发现某在运罐内泵无法通过现场操作柱及 DCS 远程停机。

2. 分析

根据原理图，现场检查发现该泵的开关真空断路器(图7-2)在合闸位置时，分闸回路监视继电器(TWJ)未吸合，从而确定故障为分闸回路断线导致无法正常分闸。因此确定为因真空断路器辅助触点[-BB2]未闭合，从而导致不能分闸。其正常工作原理为：辅助触点[-BB2]与真空断路器主轴联动，只有在真空断路器合闸位置时才导通分闸回路。因此辅助触点[-BB2]发生故障，不能分闸。

图7-2 真空断路器

3. 处置

更换该真空断路器辅助触点[-BB2]，测试分合闸正常。

4. 启示

(1)值班人员及时关注监控后台分闸回路监视继电器(TWJ)状态报警信息，发现问题及时汇报并组织人员处理。

(2)定期进行设备元器件检查，保障设备完好。

(3)储备设备元器件备品备件，有故障时可以及时保障更换。

案例92 UPS操作面板死机

1. 经过

在巡检发现，UPS操作面板所有按键无反应，界面保持不动。

2. 分析

经检查，判断为UPS操作面板卡住死机。为防止失电，将UPS按照操作手册切换至旁路运行。经厂家技术人员检测，判定为主控板故障。

3. 处置

根据UPS操作手册将UPS切换至手动维修旁路，待面板熄灭后，更换主控板，测试功能正常后切换至正常运行状态。

4. 启示

(1)定期进行设备元器件检查，保障设备完好。

(2)储备主控板备品备件，并与UPS厂家技术人员建立联系，确保有故障时可以及时处理。

案例93　办公楼配电室两路进线开关异常动作

1. 经过

近期发现办公楼配电室两路进线开关相互切换，造成办公电脑关机现象。暂时将双电源切换装置（ATS）设置为自投自复，由主电源单一线路供电。

2. 分析

办公楼配电室进线开关采用双电源切换装置，正常运行情况为主回路供电，当主回路掉电时，系统切至备用回路电源。工作方式设置为互为备用。经检查双电源切换装置未发现异常。查阅设置参数，发现设置值不合适，如图7－3画线部分。

请注意：
1. 电气设备应该让有资格的专业人员进行安装、操作、使用、维护。未按使用手册操作而造成的不良后果，施耐德电气公司将不负任何责任。
2. 手动操作后，如欲恢复到自动操作状态需将自动/手动切换开关置于自动位，并按复位按钮使控制器复位。
3. 断路器故障脱扣，故障排除后需要手动再扣，然后将自动/手动切换开关置于自动位，并复位。

图7－3　双电源切换装置操作说明书

3. 处置

控制器参数设置流程如图7－4所示，修改ATS参数如下：

（1）转换延时原定值为2s，设置为5s。

（2）常用电源过压、欠压值调整为最大。

（3）备用为自投自复，设置为互为备用。测试切换功能后投入运行。

4. 启示

根据现场运行情况及设备说明书设置ATS的各个参数。

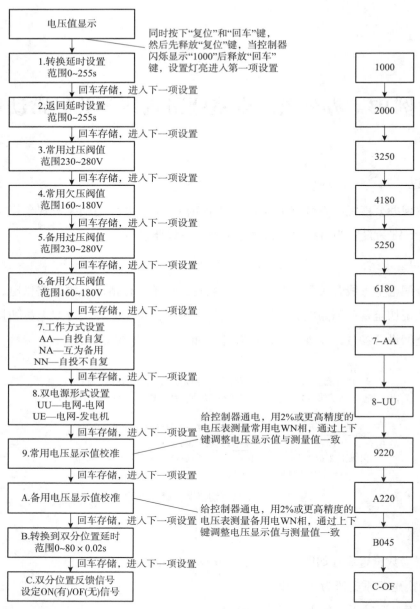

注：参数设置中间过程，如后面参数项无须修改设置，可在回车存储后，直接
复位，恢复到运行状态。

图 7 - 4 　控制器参数设置流程

案例94 可燃气体报警器电压低

1. 经过

某月，外输计量区域部分可燃气体报警器无法正常工作。

2. 分析

现场面板显示故障代码F6，代码描述为：仪表端电压低于正常工作电压20VDC。由于该可燃气体报警器带电加热功能，功耗大，需提高回路供电电压，如若提高供电电压仍无法满足要求，则需要更换低功耗探头。

3. 处置

提高可燃气体报警器回路供电电压后，部分线路距离短的可燃气体报警器可以正常工作，但是线路距离长的可燃气报警器更换为低功耗探头后才可以正常工作。

4. 启示

采购备件时注意，可燃气体报警器有电加热功能，必须选用低功耗探头。

案例95　外输计量分析小屋可燃气体报警器频繁报警

1. 经过

某年 X 月，外输计量撬分析小屋可燃气体报警器频繁报警。

2. 分析

经检查发现，分析小屋内的 H_2S 分析仪向外排放的 BOG 气体是直接排入装置内的 BOG 管网，H_2S 分析仪安装示意图如图 7 – 5 所示。经排查发现，该分析仪排放气体压力低于 BOG 管网压力时，气体无法排出，BOG 气体从呼吸阀的吸气口排至分析小屋内，造成分析小屋内可燃气体报警器报警。

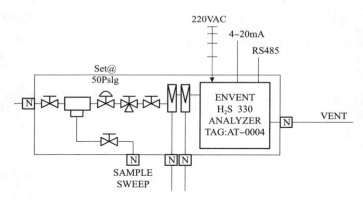

图 7 – 5　H_2S 分析仪安装示意图

3. 处置

更改排气管线，增加一个单相阀，防止 BOG 气体进入分析小屋。

案例 96　FGS 系统辅操台通道故障灯闪烁

1. 经过

某年 X 月，中心控制室 FGS 辅操台通道故障灯闪烁，操作画面显示均正常，无报警信息。中控 FGS 辅操台信号灯如图 7-6 所示。

2. 分析

中控 FGS 辅操台通道故障灯闪烁有两种情况：一是存在通道故障；二是通道故障已消除，而操作员未进行相应的故障确认。经检查，操作画面显示正常，说明通道故障已消除，操作员在上位机画面进行了确认。但是操作员在画面上确认后，信号未传入控制站中，在系统逻辑中该信号仍有通道故障报错，需重新在画面上确认后才能消除。而此时画面因为之前的确认，导致画面显示该通道正常，无法看到哪个信号存在通道故障。

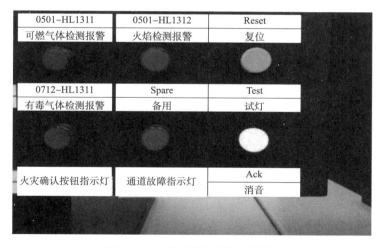

图 7-6　中控 FGS 辅操台信号灯

3. 处置

(1) 打开 FGS 系统控制软件，因为通道故障指示灯信号引入中控室机柜间，先查看中控室的报警来源。

(2) 通过逻辑看出 FRR1_ ERR_ ALARM，即 FRR1 存在报警，再进入 FRR1 中查看。

（3）在 FRR1 选择 online test，鼠标放在 VAR GLOBAL，右键 define filter，输入 * FRR1
_ ERR * ，找到 FRR1_ ERR_ AlARM，找到报警来源，打开功能块，找到 ALARM，找到
未复位的点，在操作画面进行复位。

4. 启示

适当增加 ACK(确认键)动作延时，确保 FGS 控制站接收到 ACK 动作。

案例 97   码头海流仪通信故障

1. 经过

某年 X 月辅助靠泊系统上位机显示海流仪通信中断，无数据上传。

2. 分析

由潜水员对码头海流仪进行了检查（图 7-7），通过用手摸查发现由岸边垂直落到海底的电缆在海底直角拐弯处有损（图 7-8）。判断海流仪无法通信是由于海底电缆断开所致。

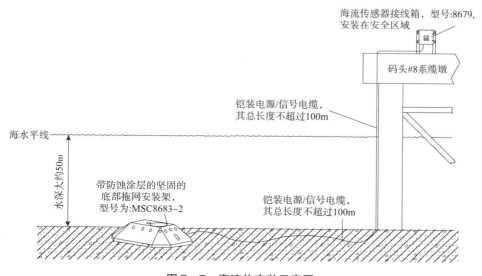

图 7-7   海流仪安装示意图

3. 处置

将海流仪和电缆都从海底取出，更换电缆，修复海流仪。

4. 启示

海底电缆长期在海水中浸泡、冲击，不可避免地出现损坏，应提前做好备件。

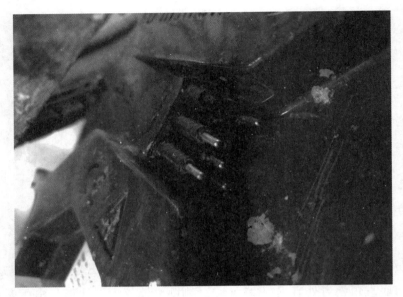

图 7 - 8　海流仪电缆破损

案例 98　HIPPS 卡件故障

1. 经过

某年 X 月，巡检发现 HIPPS(高完整性压力保护系统)系统的一块模拟量输入卡件故障灯闪烁(图 7-9)。

图 7-9　HIPPS 系统故障报警

2. 分析

HIPPS 系统主要由逻辑控制单元、压力检测单元和执行单元构成，其中逻辑控制单元主要由 4 个卡笼构成，1#卡笼、2#卡笼、3#卡笼与 4#卡笼均为不完全冗余系统，其中模拟量输入卡是冗余的双通道卡件(卡件型号为 62100)。目前系统的故障现象为：3#卡笼笼的第 4 卡槽的"62100"报错，报错代码为 ERR 100，代码描述为：双通道存在回路短路或者断路。根据其显示的错误代码，结合与其形成冗余体系的 1#卡笼"62100"的工作状态(该卡笼工作状态正常)，确定现场端测量不存在问题，因此确定为卡件故障。

由于该系统安全级别为 SIL3，一块卡件失效意味着安全等级降低，必须及时更换。

3. 处置

(1)将系统置于维护状态：将 HIPPS 系统压力变送器的维护旁路开关 MO ENABLE 置

到 ENABLE 位置，MO SELECT 选择开关置到 PT – C，同时将三阀组装置内旁路专用开关扳到了变送器 PT – C 的 ISOLATE 位置，确认 MANIFOLD/MO DISC ALARM 指示灯熄灭，MAINTENANCE PERMIT 指示灯亮。

（2）读取参数。读取 1#卡笼的第 4 块卡设置参数，并做好记录。主要参数为压力高高联锁参数（4 ~ 20mA INPUT（0 ~ 16MPa）、H limit、Set poit、Hysteresis）和压力变送器故障参数（4 ~ 20mA INPUT、L limit、Set poit、Hysteresis）。

（3）取出故障卡件和安装新卡件。带好静电手环，将 3#卡笼的第 4 块卡固定螺丝松开，从卡槽拔出，将新卡后面拨码拨到可编辑状态后插入。

（4）参数设置和比对。待安装完成 40s 后，将之前读取的参数设置到新卡中之后与 1#卡笼显示数据比较，数据显示应该一致，不一致时重新检查参数设置。

（5）系统置于正常状态。将 HIPPS 系统压力变送器的维护旁路开关 MO ENABLE 置到 OFF 位置，MO SELECT 选择开关也置到 OFF，同时 3 阀组装置内旁路专用开关扳到了变送器 PT – C 的 ISOLATE 位置，将六角扳手逆时针旋转 4 × 360°来打开隔离阀，确认 MANIFOLD/MO DISC ALARM 指示灯熄灭，MAINTENANCE PERMIT 指示灯熄灭。

（6）投入正常运行。新卡数据显示正常后，再将新卡拔出，将卡件后面拨码开关拨到不可编辑状态，再次插入到卡笼中，固定好螺丝，等待 40s 后，数据显示正常，确认无报警。

4. 启示

日常巡检时应仔细观察卡件的运行状态，各种型号的卡件要有备件储备。

案例99　地震仪故障

1. 经过

接收站的地震仪安装在 LNG 储罐下方，用于检测地震信号。当其中两台同时检测到地震信号，并产生高高报警时，会触发接收站最高级别联锁 ESD1 联锁，造成全厂停车。某年 6 月开始，1 号和 3 号地震仪频繁误报。

2. 分析

地震仪主要分为 3 大部分：现场设备单元、数据传输单元、数据采集分析单元。现场设备主要指地震仪本体（型号为 MR2002），安装在现场防爆箱内，包含地震传感器、记录器、继电器模块、通信模块、电池等，它用于监测现场地震情况，并记录所有地震事件。数据传输主要通过光纤传输，数据采集部分是在室内配备一台数据采集器（型号为 NCC2002）和一台上位机，进行数据采集和地震报警事件分析，对于联锁报警信号则是根据地震仪继电器模块的动作情况，通过硬接线形式直接传至 DCS 和 SIS 系统。

对地震仪误报故障做如下排查分析：

（1）检查数据传输和数据采集单元。观察 NCC2002 和上位机，可知数据采集正常，能生成地震报警记录。因此可判断数据传输和数据采集部分均正常，引起误报的原因可能在现场。

（2）判断是否因为地基原因导致误报。因 2 号地震仪始终运行正常，所以依次将 1 号和 3 号地震仪移至 2 号地震仪位置，观察测试，通过测试发现 1 号和 3 号地震仪仍存在误报，据此认为误报与安装位置无关，可能是设备本体原因引起误报。

（3）检查设备本体。通过查资料可知，地震仪 MR2002 用于检测地震仪信号部分是地震仪传感器，它用于三个通道（X、Y、Z），每个通道均设有地震开关，独立检测地震信号，当某一个通道检测值达到 20.8mg 时就会进行事件记录，达到 75mg 时触发高报，达到 100mg 时触发高高报。通过分析地震事件记录，可以发现，每次误报均是其中一个通道偏差大引起，所以粗略断定是地震仪传感器探头故障引起的误报。本次维修因无备件更换测试，为了能够准确无误且及时解决现场难题，返回瑞士检测维修。

3. 处置

返修后的地震仪投入运行后发现，虽然设备就地指示正常，但1号地震仪始终无法与上位机进行通信。故进行以下测试：

（1）检查现场设备。将1号地震仪和3号地震仪进行互换位置，互换后发现原本通信异常的1号地震仪通信正常，因而可以判断现场设备通信模块正常。

（2）检查数据采集单元。通过上位机WINCOM软件，直接对NCC2002进行在线测试，通过在线测试NCC2002无故障报错，通信卡件正常。

（3）检查数据传输单元。因为是光纤传输，所以检查光路是否畅通。从设备始端到末端进行打光测试，发现光路畅通，可以判断传输正常。

通过上述测试，发现地震仪3个单元均正常，但是组合在一起则无法正常通信。现场设备和室内NCC2002可以确定正常，而数据传输单元中途节点较多，出现异常可能性最大。于是，重点排查光纤传输区域，怀疑是否出现虚接或者接触不良。通过对光纤线路逐段排查，每个接口重新连接，最终断定地震仪自带专用防爆光纤通信线可能存在问题。因为该线在地震仪安装和拆卸过程中，均会插拔该线，因操作不当可能会造成该线光损变大，影响数据正常传输。为了进一步测试该光纤是否正常，将其安装在2号和3号地震仪上进行测试，发现均会造成通信异常。最终判断地震仪专用通信线故障。通过更换新的通信线后，1号地震仪通讯正常。

案例100 振动监测系统升级改造

1. 经过

接收站共有38台机泵，其振动参数通过3500机架进行监控，且联锁信号输出至SIS参与机泵联锁，振动值通信到DCS系统进行远程显示。但是现有配置不能实现对机泵振动值的全天候记录，不能对振动数据进行频谱分析等专业级故障诊断分析，出现问题时依靠厂家进行数据分析费用过高。

2. 分析

接收站机泵分别是罐内低压泵12台，高压外输泵6台，轻烃回收装置高压泵20台，在项目建设时，各机泵是独立采购，仅具备独立监控能力。各机泵均具备以下共同点：现场安装有振动探头，配置了3500监测器，现场传感器测量的振动信号均输送到各自的3500机架中。

鉴于此进行改造，建立高压泵群网络化状态监测系统，实现对LNG接收站关键机泵的在线监测，通过振动趋势预测及设备故障表现出的振动频谱、时域波形等特征进行早期故障诊断，判断振动故障的来源，这样才能保证并根据不同设备的运行状态采取相应的措施，同时可根据分析结果，有针对性地准备有关零部件的备件，从而大幅度缩短因盲目维修及突发性事故停机的时间，延长设备的使用寿命、提高企业的综合经济效益。

3. 处置

增加system1系统，该系统将分布在3个机柜间的3500机架采集到的振动数据通过瞬态接口卡的RJ45口输出，然后利用TCP/IP协议将数据存储在服务器；瞬态接口卡输出的RJ45接口需要利用光电转换器将电信号转换为光信号，然后传输到中心控制室，利用中心控制室布置的光电转换器和以太网交换机接入system1系统；然后通过以太网交换机和防火墙将服务器连接到办公局域网，利用远程客户访问软件Citrix/2X实现设备管理人员的远程访问。